工程机械液压控制新技术

韩慧仙 著

北京理工大学出版社
BEIJING INSTITUTE OF TECHNOLOGY PRESS

图书在版编目（CIP）数据

工程机械液压控制新技术／韩慧仙著 . —北京：北京理工大学出版社，2017.7

ISBN 978 - 7 - 5682 - 4473 - 2

Ⅰ. ①工…　Ⅱ. ①韩…　Ⅲ. ①工程机械 - 液压传动系统　Ⅳ. ①TH137

中国版本图书馆 CIP 数据核字（2017）第 183153 号

出版发行／北京理工大学出版社有限责任公司

社　　　址／北京市海淀区中关村南大街 5 号

邮　　　编／100081

电　　　话／（010）68914775（总编室）

　　　　　　（010）82562903（教材售后服务热线）

　　　　　　（010）68948351（其他图书服务热线）

网　　　址／http：//www.bitpress.com.cn

经　　　销／全国各地新华书店

印　　　刷／北京富达印务有限公司

开　　　本／710 毫米×1000 毫米　1/32

印　　　张／13　　　　　　　　　　　　　　责任编辑／孟雯雯

字　　　数／165 千字　　　　　　　　　　　文案编辑／多海鹏

版　　　次／2017 年 7 月第 1 版　2017 年 7 月第 1 次印刷　　责任校对／周瑞红

定　　　价／68.00 元　　　　　　　　　　　责任印制／李志强

近年来，我国的工程机械行业飞速发展，各种先进技术层出不穷，针对工程机械相关技术的研究和技术开发也取得了丰硕的成果。工程机械相关的新技术主要包括以下几方面：

> 工程机械动力总成技术，主要用于优化整机系统的匹配；

> 工程机械电液控制技术，主要用于提高工程机械的可控性；

> 工程机械数字控制技术，主要用于工作装置的高精度控制；

> 工程机械多执行机构控制技术，主要用于提高作业生产率。

本书的主要内容涵盖了挖掘机、起重机、混凝土泵车等工程机械主要门类和机型的液压传动系统及其动力传动和控制系统的最新技术状态和发展方向，主要阐述了以下几方面的内容：挖掘机、起重机等工程机械动力传动链的分析、计算、设计、仿真、节能等方面的研究；针对工程机械作业质量要求和工作特点等电气－液压系统融合控制解决方案的研究，包括发动机、机械传动系统、液压传动系统、多执行机构复合作业在内的工程机械动力总成系统等的研究；长臂架类工程机械执行机构的高精度控制系统研究，包括机构的机械动力学特性研究、电控检测和传感技术研究、分布式实时控制系统的研究、数字液压控制系统的研究等。

本书可作为国内工程机械企业研发人员的参考书，也可作为高等院校工程机械相关专业的教学用书。

　　本书的内容大多是阐述工程机械等最新技术，其中很多技术还在不断探索和快速迭代中，加之作者研究时间和技术水平所限，疏漏甚至错误在所难免，在此恳请读者给予批评指正，不胜感激。

著　者

目 录

第一章　绪　论

1.1 工程机械概述

工程机械是一类机械设备和作业车辆的总称，具体包括挖掘机械、掘进机械、铲土运输机械、工程起重机械、工业车辆、压实机械、桩工机械、混凝土机械、钢筋与预应力机械、路面与养护机械、装修机械、高处作业机械、凿岩机械、气动工具、铁路施工和养护机械、电梯和扶梯、市政工程与环卫机械、军用工程机械、工程机械用零部件，以及其他专用工程机械，总共分为 20 个类别。

过去几十年，特别是改革开放以来，我国的工程机械行业持续超高速增长，2011 年前我国工程机械行业的销售额和销售量发展速度都非常快，到 2011 年，双双达到了全行业的最高峰。2011 年，我国主要工程机械企业的销售额达到了创纪录的 4 317 亿元，是 2000 年的 18 倍；2011 年，全行业的销售量达到了十分惊人的近 100 万台（为 975 130 台），是 2000 年的近 14 倍。这十余年间，整个行业年销售额最高年增幅达 53.7%，平均年增幅达 30.9%；销售量最高年增幅达 58.1%，平均年增幅达 27.7%。2000—2011 年，整个行业年销售额及年销售量均呈超高速迅猛增长，这在世界工程机械发展史上是绝无仅有的。特别是 2007 年、2010 年，在基数很大的情况下，销售额及销售量均呈40% 以上的超高速增长，被业内人士一次又一次地喻为井喷式超高速发展。

经过十年的高速发展，从 2012 年开始，我国工程机械行业进入了一个滞销调整的发展阶段。据中国工程机械工业协会历年统计资料显示，2012 年，86 家企业年销售收入同比下降 8.16%，利润总额下降 35.44%，销售利润率由 2010 年的 10.78% 下降到 5.9%；2013 年，93 家企业与上年同比，销售收入又下降 11.74%，利润总额下降 32.56%，盈利能力滑坡远大于销售收入。到 2016 年四季度，挖掘机、起重机、混凝土泵车等行业逐步触底回升，工程机械行业呈现逐步回暖迹象。

我国的工程机械工业，在国内已经发展成为机械工业 10 大行业之一，在世界上我国也进入了工程机械生产大国行列。

世界领先的工程机械信息提供商英国 KHL 集团旗下《国际建设》杂志（International Construction）发布 2015 年全球工程机械制造商 50 强排行榜（2015 YellowTable），卡特彼勒（Caterpillar）继续稳居榜单首位，中国有 8 家企业上榜，徐工集团排名第八，位居中国企业首位。2015 年全球工程机械 10 强名单见表 1 - 1。我国也有 8 家工程机械企业进入 2015 年全球工程机械制造商 50 强，名单见表 1 - 2。

表 1 - 1 2015 年全球工程机械 10 强名单

世界排名	公司名称	总部所在地	销售额/亿美元	市场份额/%
1	卡特彼勒（Caterpillar）	美国	282.83	17.8
2	小松（Komatsu）	日本	168.77	10.6
3	日立建机 （Hitachi Construction Machinery）	日本	77.90	4.9
4	沃尔沃建筑设备 （Volvo Construction Equipment）	瑞典	77.85	4.9
5	特雷克斯（Terex）	美国	73.09	4.6
6	利勃海尔（Liebherr）	德国	71.29	4.5
7	迪尔（John Deere）	美国	65.81	4.1
8	徐工集团（XCMG）	中国	61.51	3.9
9	三一重工（SANY）	中国	54.24	3.4
10	斗山工程机械（Doosan Infracore）	韩国	54.14	3.4

表 1 – 2 2015 年中国工程机械进入全球 50 强名单

世界排名	公司名称	销售额/亿美元
8	徐工集团	61. 51
9	三一重工	54. 24
11	中联重科	43. 76
22	柳工集团	13. 76
29	龙工控股	12. 57
31	山推股份	12. 33
38	厦工机械	7. 17
47	山河智能	2. 84

预计未来几年，我国工程机械行业将继续呈现平稳健康发展的新常态，如图 1 – 1 所示。

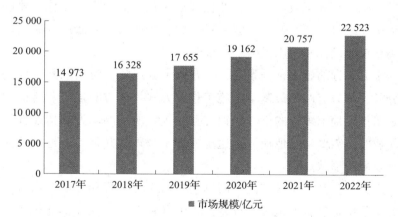

图 1 – 1 2014—2022 年我国工程机械行业市场规模预测

1.2 工程机械作业工况概述

工程机械的种类繁多，大多在野外或工地进行施工作业，其作业特点和对机械性能的要求如下：

（1）我国法规对工程质量的要求逐渐提高，对工程机械作业质量的要求也越来越高，机电液一体化技术在主要工程机械上得到了广泛的应用。如，公路路面施工的平整度、路面的承载能力和使用寿命，对路面机械的各项性能指标都提出了十分严格的要求。其作业质量控制的对策主要有两条：一是加快施工机械作业原理的研究，二是采用最新的机电液一体化技术提高机械的作业质量或性能。

（2）工程机械的作业工况十分复杂，作业和施工对象差异很大，经常在负载突变下施工作业，对工程机械的可靠性和适应能力提出了较高的性能要求。

例如装载机，其主要作业工况有铲土、运土、卸土、回程等。在铲土中铲斗可能会遇到树根或石块等较大的障碍物，另外，土壤的含水量、密实度、土壤颗粒的级配随作业位置和区域而变化，装载机工作过程中一直处于载荷大幅度变化甚至超负载的状态下工作。要确保装载机连续可靠的作业，不但要对装载机作业实行有效的控制，也要对装载机的设计和使用提出新的要求。

土方工程的施工种类繁多，分布也十分广泛。但按照其工程特点来分析，却只有两种最基本的施工作业方式：挖方和填方。所谓的挖方是指把工地上多余的土方挖掉并且移走；所谓的填方是指在施工工地作业时，需要从其他地方运送土方到本公司，并将本工地的地面修筑到要求的形状。

石方工程分布也很广泛，而且往往与土方工程相伴交叉出现，即土方工程中含有石方工程，石方工程中含有土方工程（如建筑场地平整工程、路基建设工程等）；也有单纯的石方工程，如隧道工程、建筑石料开采工程、井下矿山巷道掘进工程、井下采矿工程、露天金属矿采矿工程等。石方工程施工工艺比较复杂。首先是破碎岩石，一般有三种方法：一是钻爆法；二是机械切削法；三是钻孔静态破碎法。

在石方工程中，广泛采用钻爆法施工，其他两种方法很少用。其中机械切削法的破岩工序主要采用联合掘进机、岩石切削机、液压冲击器等设备。钻孔静态破碎法的破岩原理为：钻孔后注入静态破碎剂，靠其产生的膨胀力、破碎力、放电破碎力等相应能量破碎岩石。

流动起重装卸工程，包括建筑、安装工程中的起重、调整工程，港口、车站以及各种企业生产过程中的起重装卸工程等。所用的各种工程起重机、建筑起重机以及各种叉车和其他搬运机械，能够根据工程要求而自由地移动，不受作业地点限制，故亦称流动起重装卸机械。

另外，还有人货升降输送工程（垂直或倾斜升降），包括在高层建筑物对人的升降运送和对货物的升降运输，采用载人电梯、扶梯和载货电梯等。

各种建筑工程范围更为广泛，除房屋建筑和市政建设外，还包括公路、铁路、机场、水坝、隧道、地下港口、地下管线、新城建设和旧城改造等各种基础设施工程，需要通过各种工程机械进行施工。

综合机械化施工，是指工程工序均用相应成套的工程机械去完成，人力在工程中只起辅助和组织管理作用。综合机械化水平越高，则使用的人力就越少。

相关的工业生产过程，是指与土方工程、石方工程、流动起重装卸工程、人货升降运送工程和各种建筑工程有关的工业生产过程。如储煤场的装卸工程、工业企业内部生产过程的装卸与运输、各种电梯的工作，等等。

工程机械的作业工况对工程机械的技术发展提出了性能要求，包括：

（1）低排放：大部分工程机械作为内燃机产品，由于其排放密度大，排放指标又劣于汽车，因此对环境的污染更为严重，其排放污染问题是未来一段时间内迫切需要解决的问题。面对越来越严格的排放标准，各主机厂商需不断提高产品的排放性能。

（2）低噪声：放眼全球市场，多个国家和地区先后出台了噪声市场准入法规，如欧盟的 CE、美国的 UL、俄罗斯的 GOST 认证等。欧盟 CE 认证规定土方机械司机位置耳旁噪声限值为 80 dB（分贝），我国的噪声限值也在向此标准看齐。目前，国际先进水平已经可以将司机耳旁噪声降至 69 dB（分贝）。

（3）高能效：如今，世界各国尤其是发达国家对资源的利用效率越来越重视，工程机械绿色化发展、能源高效利用也已成为行业的共识。因此，低能耗产品势必将有强大的市场竞争力。工程机械节能技术的发展重点有几大方向：基于智能控制的系统节能技术、混合动力技术、清洁能源技术以及新型传动技术等。

（4）智能化：以数字化、网络化、智能化制造为标志的新一轮科技革命和产业变革正孕育兴起，美国提出的"再工业化"、德国的"工业 4.0"以及我国的《中国制造 2025》等战略，核心都是以智能制造作为制造业的生产新模式。

目前，工程机械产品采用的智能技术包括有线、无线遥控技术，车身稳定系统，智能化控制面板，基于 GPS 定位技术的远程监控、远程诊断、集群调度管理系统，以及自动作业系统等。

（5）信息化：未来工程机械产品将从局部自动化过渡到全面自动化，并且向着远距离操纵和无人驾驶的趋势发展。随着工程机械制造业"两化"融合程度的进一步加深，物联网与"互联网＋"技术的应用，工程机械产品技术将不断向智能化、信息化方向发展。

（6）"以人为本"的设计："以人为本"的设计思想关键在于注重机器与人的相互协调，提高人机安全性、驾驶舒适性，方便司机操作和技术保养，这样既改善了司机的工作条件，又提高了生产效率。工程机械产品的外观造型、驾驶室内部舒适性及操纵系统正逐渐向汽车行业靠近，以最大限度地满足驾驶人员的人性化要求。未来电子技术在工程机械上的应用，将大大简化司机的操作程序和提高机器的技术性能，从而真正实现"人机交互"效应。

1.3　工程机械液压控制系统概述

工程车辆是具有专门用途的施工装置。具有轮式行走装置的自行式工程车辆转场机动灵活，在工程建设、建筑施工和路桥施工等土木工程中发挥着巨大的作用。

传统的工程车辆的行走装置采用机械式传动或液力机械式传动。机械式传动方式具有传动效率高、传动精度高等优点，但换挡和调速不方便，难以实现智能控制。液力机械传动方式是在机械传动方式的基础上引入了液力变矩器，液力变矩器具有传动比与负载自适应、传动柔和等优点，但液力变矩器的高效率区域非常狭窄，低速稳定性差，对于行驶速度较低及需要频繁启动、制动和换向的工程车辆来讲，总传动效率低，造成系统发热大、可操作性差，驾驶员劳动强度高。

静液压传动具有微动性好，速度刚度大，传动效率高，易于进行启动、制动、换向操作，且易于实现电液复合控制的优点。近几年，随着液压工业的发展，液压原件的可靠性不断提高，成本不断降低，国内外相继出现了全液压驱动的工程机械，如全液压推土机、全液压平地机、全液压叉车、全液压起重机和全液压挖掘机等。

静液压驱动技术的优点是相对于机械传动和液力机械传动而言的，液压传动的优点集中于动力传动方面，而在智能控制方面，电子控制方式具有成本低、控制性能好、易于调节等优点。

在工程车辆实现全液压化以后，如何引入电子控制方式，使液压传动与电子控制相结合，充分发挥液压和电子的优点，实现工程车辆行走驱动的智能化，这是当前和今后一段时期内国内外工程车辆的发展趋势。

目前，工程车辆行走驱动系统的传动方式包括机械传动、液力机械传动、液压传动和电机驱动等方式，每种传动方式都具有各自的优缺点。

机械传动是指发动机的动力经过离合器、变速箱、万向节、传动轴、驱动桥、轮边减速器最终驱动车轮转动，使整车行驶的传动方式，由于只需克服运动幅的摩擦阻力，其速度损失很小，所以具有传动效率高、传动精度高、传动可靠等优点。但速度调节主要依靠变速箱换挡，调速惯性很大，响应速度不高，如果由驾驶员操作变速箱换挡，则很难掌握最佳换挡时间，同时增加了驾驶员的劳动强度；如果采用智能换挡变速箱，成本大幅增加。由于以上缺点，目前工程车辆很少采用单纯的机械传动方式。

液力机械传动是在机械传动方式的基础上增加了液力变矩器。液力变矩器是一种靠液力的动量传递动力的变速装置。液力变矩器的输出转速能够对负载转矩自适应，当外负载增加时，输出转矩自动增加，输出转速自动降低，即液力变速器的传动比是随负载的变化而变化的，所以液力机械传动方式改善了驱动系统的操作性能，降低了驾驶员的操作强度，使车辆在起步、加速、制动等过程中更加柔和可控，这种性能对于频繁起步、停车、加速、制动的工程车辆具有重大意义。液力机械传动的缺点是速度刚度小、传动效率低。由于液力变矩器的扭矩自适应特性，当外部负载增加时，车辆速度自动降低，这在某些要求恒速行走的工程机械上是不允许的。另外，液力变矩器的高效率区域非常窄，在大部分的转速范围内效率都很低，这对于频繁起步、加速、制动的工程车辆是个大问题。而汽车、轿车等高速车辆的启动、制动时间占总行驶时间的比例很小，所以液力变矩器的效率对能耗的影响不大，液力变矩器因此在高速车辆上得到了广泛应用并具有很大的优势。

液压传动是近几年才广泛应用的一种传动方式，发动机的功率经过液压泵、液压阀、液压电动机最终驱动车轮行驶。液压传动按系统形式分为开式系统和闭式系统。开式系统由单向液压泵、主控制阀和双向液压电动机组成，液压油经过液压泵、主控制阀、液压电动机做功后回到液压油箱，其具有速度调节性好、散热性好等优点。闭式系统由双向液压泵、双向液压电动机和辅助液压阀组成，液压油经过液压泵、液压电动机做功后再次进入液压泵，其具有压力高、结构紧凑、传动平稳等优点。

液压传动与机械传动、液力机械传动相比，具有布置灵活、可操作性好、便于实现智能控制等优点。近几年来，随着液压技术的发展，液压元件的性能不断提高，价格不断降低，液压传动的缺点逐渐缩小甚至消失，液压传动系统在工程车辆和特种机械上应用日渐广泛，先后出现了全液压推土机、全液压平地机、全液压起重机、全液压挖掘机、全液压压路机、全液压摊铺机和全液压钻机等机械。

众所周知，机器一般由五大部分组成：原动机部分；传动系统；执行部分；控制系统；辅助系统，例如润滑、显示、照明等系统。如图 1-2 所示。

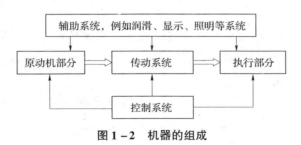

图 1-2　机器的组成

现代工程机械越来越广泛地使用液压传动，这是因为液压传动有诸多优点。

（1）在同等功率下，液压装置的体积小、质量轻、结构紧凑。例如液压电动机的体积和质量只是同等功率电动机的 12% 左右。

（2）液压装置工作比较平稳。由于质量轻、惯性小、反应快，液压装置易于实现快速启动、制动和频繁的换向。液压装置的换向频率在实现往复回转运动时可达 550 次/min，实现往复直线运动时可达 1 000 次/min。

（3）液压装置能在较大范围内实现无级调速（调速范围可达 2 000），它还可以在运行的过程中进行调速。

（4）液压传动易于实现自动化。这是因为它对液体压力、流量或流动方向易于进行调节或控制。当将液压控制和电气控制、电子控制或气动控制结合起来使用时，整个传动装置能实现很复杂的顺序动作，接受远程控制。近年来，液压传动和微电子技术密切结合，得以在尽可能小的空间内传递出尽可能大的功率并加以精确控制。

（5）液压装置易于实现过载保护。液压缸和液压电动机能长期在失速状态下工作而不会过载，这是电气传动装置和机械传动装置无法办到的。液压件能自行润滑，使用寿命较长。

（6）由于液压元件已实现了标准化、系列化和通用化，故液压系统的设计、制造和使用都比较方便。液压元件的排列布置也具有较大的机动性。

（7）用液压传动来实现直线运动远比机械传动简单。但液压传动不能保证严格的传动比，能量损失较大，对油温变化较敏感，制造精度要求高，成本较高。

表 1-3 列出了液压传动在各类机械制造业中的应用实例。

表 1-3 液压传动的应用实例

行业名称	应用机械举例
铲土运输机械	挖掘机、装载机、推土机、铲运机、平地机、松土器等
路面机械	压路机、摊铺机、稳定土拌和机等
起重运输机械	汽车吊、港口龙门吊、叉车、装卸机械、皮带运输机等
矿山机械	凿岩机、开掘机、开采机、破碎机、提升机、液压支架等
建筑机械	打桩机、液压千斤顶、搅拌机等
农业机械	联合收割机、拖拉机、农机悬挂系统等
冶金机械	电炉炉顶及电动机升降机、轧钢机、压力机等
轻工机械	打包机、注塑机、校直机、橡胶硫化机、造纸机等
汽车工业	自卸式汽车，平板车，高空作业车，汽车中的转向器、减震器等
智能机械	折臂式小汽车装卸器、数字式体育锻炼机、模拟驾驶舱、机器人等
制造机械	应用于各种机床上

工程机械的工作机构速度低，需要输出的力矩或力却很大，行走机构又有不同的速度要求。工程机械多变的作业负荷和介质、恶劣的作业环境和严格的作业质量要求，不仅要求发动机、传动系统及工作装置可靠性要好，而且适应性要强，且便于自动控制。因此，区别于其他机械，现代工程机械是机、电、液、信一体化产品，国外95%以上的工程机械采用了液压传动。

第二章　挖掘机工作装置
液压控制新技术

2.1 挖掘机工作装置液压系统的主要技术

液压挖掘机是一种大功率土石方施工机械，以斗容为 $0.8 \sim 1 \ m^3$ 的20吨级挖掘机为例，其发动机功率为 $110 \sim 130 \ kW$。所以，液压挖掘机的节能研究一直是工程机械领域中的重要科研课题。

挖掘机工作过程中，动力从发动机输出，经过液压泵、液压阀、液压油缸和电动机后对外做功，完成土石方移动作业。提高各个环节的功率传输效率可以起到节能的效果，如：降低发动机单位功率的油耗（即比油耗）、提高液压泵的容积效率和机械效率、降低液压阀的压力损失和流量损失、提高液压缸和电动机的效率等。

目前，挖掘机所用的柴油机和液压元件，制造商已经将比油耗和效率等能耗指标提高到了很高的水平，进一步提高元件的经济性难度较大。如：五十铃（ISUZU）公司生产的 BB－6BG1TRP 系列柴油机的比油耗为 218 g/（kW·h），力士乐（REXROTH）公司生产的 A4V 系列变量柱塞泵和 A6V 系列变量柱塞马达的容积效率已经高达 97%，总效率也超过了 90%，进一步降低其能量损失已经十分困难。

然而，整个动力传动系统的功率匹配和功率控制在节能上却大有潜力可挖。首先，发动机与液压泵的静态功率匹配特性是系统经济性的基础，另外，在变负荷下发动机与液压系统的控制方式和控制策略决定了挖掘机的最终经济性。液压泵和发动机的静态匹配已有较多文献叙述，本书主要叙述发动机和液压系统在变负荷下的功率控制方式，并分析其控制性能。

变负荷下功率匹配的目的是实现发动机对执行元件的功率实时匹配。因为液压系统压力是实现挖掘力的必要条件，所以液压系统的功率匹配实际上是流量匹配。

下面简要介绍国内外挖掘机液压系统的主要技术流派。

一、小松的 OLSS 系统

1981 年以后，小松公司在 PC400 – 1，PC650 – 1 及 40 t 级以下的 PC – 3、PC – 5 系列挖掘机上，采用了 OLSS 系统（Opened Center Load Sensing System，中位开式负荷传感系统），如图 2 – 1 所示。OLSS 系统并非本书所述的负荷传感系统，而是早期的旁通流量控制系统。

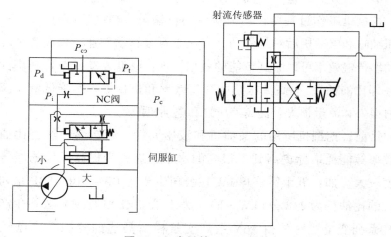

图 2 – 1　小松的 OLSS 系统

射流传感器如图 2 – 2 所示。主控阀中位旁通油流 Q_c 从元件 1 的小孔 d_0 以射流形态喷出，大部分射流碰到螺套 2 的端面，其压力 P_d（背压）接近油箱压力；小部分射流经小孔 d_1，流入螺套 2 的 B 腔，由于 $d_1 < d_0$，这部分射流的动压力被节流减压后成为射流压力 P_t 与 P_d。

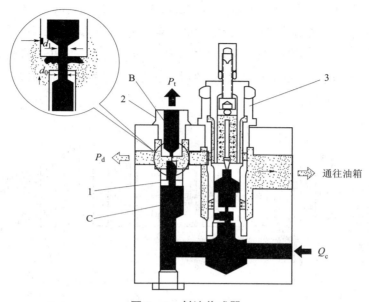

图 2 - 2　射流传感器

1—元件；2—螺套；3—溢流阀

射流传感器输出的压差（$P_t - P_d$）与旁通流量 Q_c 的关系如图 2 - 3 曲线 a 段所示。当操作手柄处于中位，旁通流量超过 40 L/min 时，溢流阀 3 开启（见图 2 - 2），压差稳定在 1.5 MPa 左右，如图 2 - 3 中直线 b 段所示，此时主泵排量最小。

压力 P_t 与 P_d 由软管传到主泵的 NC 阀两端（见图 2 - 1），通过 NC 阀对主泵排量进行控制。压差（$P_t - P_d$）与主泵排量 Q 成反比关系，如图 2 - 3 所示。

二、神钢 SK - 6 的电子负流量控制系统

前述旁通流量控制的节流元件，是直接用机械—液压的结构提取压力（压

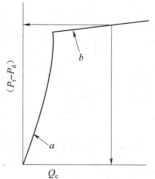

图 2 - 3　射流传感器的输出特性

差）信号来控制压力（压差）与主泵流量的比例，不可避免地存在静态误差，影响系统的调速性能。2000 年，神钢公司在 SK – 6 系列挖掘机上，采用电液比例技术将控制压差（$P_n - T_n$）的电信号传送到机电控制器，经过控制算法处理后，再通过比例阀控制主泵排量，如图 2 – 4 所示。

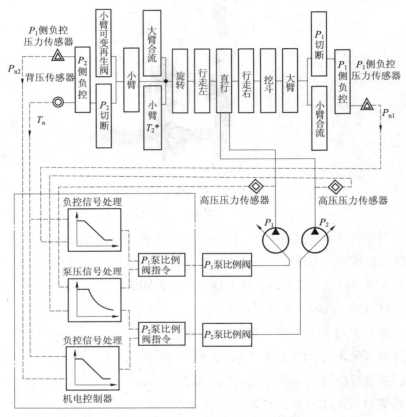

图 2 – 4 神钢 SK – 6 的电子负流量控制系统

两个主泵供油压力 P_1 和 P_2 由高压压力传感器变送为信号电压，经过机电控制器对泵压信号处理后，平均压力（$P_1 + P_2$）/2（电压 U）与主泵流量 Q 的关系如图 2 – 5 所示。设恒功率控制下某一工况 P_1

（P_2）泵输出的流量为 Q'，当主控阀开度变化后，旁通流量随之改变，负控节流阀输出的压差（$P_n - T_n$）也就变化。

通过机电控制器对负控信号处理后，压差（$P_n - T_n$）（电压 U）对主泵流量 Q' 进行调制，如图 2-6 所示。通过电子负流量控制，只要执行元件的进油量减小，主泵的排量 Q' 就会立即减小，反之亦然。

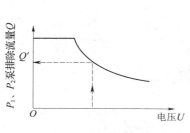

图 2-5　交叉功率控制特性

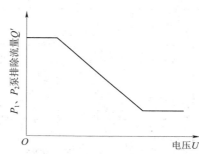

图 2-6　负流量控制特性

三、斗山的电子负流量控制系统

斗山（大宇）DH-3/5 系列挖掘机采用川崎的 K3V 主泵和东芝的 DX22/28 或 UDX36 型主控阀。当主控阀的滑阀从中立位置移到工作位置时，旁通流量与负流量控制压力 P_N 会突然减小，使主泵流量急剧增加，液压缸等执行元件的速度突增，引起挖掘机抖动。

为改善执行元件动作起点时泵流量的突变，在 EPPR 比例阀组上（见图 2-7）可选装一个称为"负流量控制优先阀"的电液比例阀 A3。在单独操作行走、动臂提升、斗杆等任一动作时，EPOS 控制器在 1 秒内向 A3 输出 700～150 mA 递减的斜坡信号电流，优先阀 A3 会对应输出 3.2～0 MPa 递减的斜坡控制油压 P_a。通过梭阀 VS，对动作起点的负流量控制阀 NR 输出的压力 P_N 和优先阀 A3 输出的压力 P_a 比较后，选择 P_N 与 P_a 的较高者作为旁通流量控制压力 P_i，去调节主泵排量，从而降低了泵流量变化的梯度，如图 2-8 所示。

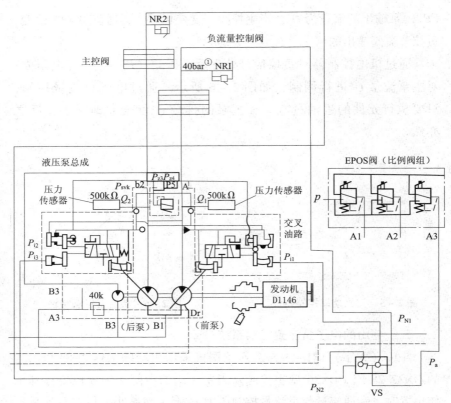

图 2 - 7　DH - 3 系列挖掘机的电子负流量控制

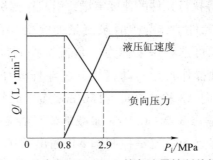

图 2 - 8　斗山 DH220 - 3 的负流量控制特性

---

①　1 bar = 0.1 MPa。

四、日立 EX-5 的正流量控制系统

日立在 EX-5 系列上采用了正流量控制系统,泵流量控制阀在油路上的位置如图 2-9 所示。2000 年,日立推出的 ZX 系列也采用了正流量控制系统,但泵流量控制阀的结构和安装位置有很大的差异。虽然都称为正流量控制,但二者流量控制的机理却全然不同:EX-5 采用的是旁通流量控制,而 ZX 采用的是先导传感控制。

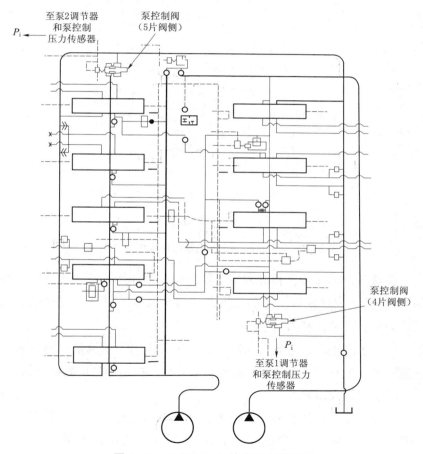

图 2-9 日立 EX-5 的旁通流量控制

EX-5 的泵流量控制阀包括泵控制阀 A 和减压阀 B，如图 2-10 所示。当控制阀开度变小、旁通流量 Q_d 增大时，泵控制阀的滑阀 A 向右移动，调节阀 B 的设定压力降低，来自先导泵的初级先导压力被调压阀 B 分流而输出较低的控制压力 P_i。控制压力 P_i 被传到主泵调节器，使泵排量按 P_i 压力成正比减小，因此称为正流量控制。

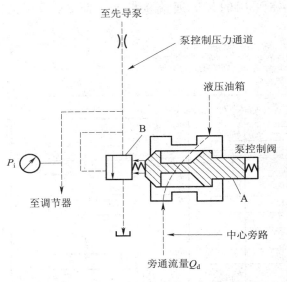

图 2-10 日立 EX-5 泵流量控制阀的工作原理

在这里，阀 A 用于检测旁通流量，阀 B 的作用则相当于逻辑电路的"非门"。先导泵提供控制压力源，初级先导压力经过阀 B 的调制而成为旁通流量控制的信号压力。

EX-5 采用的是正流量控制，这一实例表明旁通流量控制多为负流量控制，也有正流量控制。但是，先导传感控制都是正流量控制。

五、流量控制方式

目前，挖掘机开中心（Open Center）液压系统的流量匹配方式主要有三种：节流调速（Throttle Control）系统、负流量控制（Negative Control）系统和正流量控制（Positive Control）系统。

1. 节流调速控制特点

节流调速控制的原理如图 2 – 11 所示。

节流调速系统采用定量泵供油的阀控制节流调速系统，系统采用定量液压泵供油，泵出口经过主阀芯分别与执行元件和油箱连通。先导压力 P_{st} 能够比例控制主阀芯行程，进而控制主泵通向执行元件和油箱的开口大小。

当操作人员加大手柄偏角时，先导压力推动主阀芯 A1 移动，主泵通向执行元件的开口增大，同时主泵通向油箱的开口相应减小，主泵的流量更多地流入执行元件，执行元件的速度也相应增加，实现了操作人员的增速期望。

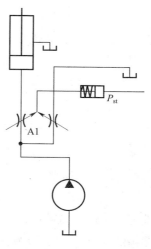

图 2 – 11 节流调速原理

当操作人员减小手柄偏角时，动作过程与上述相反，但无论操作人员手柄如何动作，泵的流量并未发生改变。为了使挖掘机具有较高的工作速度，定量泵的流量往往与执行元件的最高速度相匹配，即：定量泵具有较大的流量。

下面分析阀控节流调速系统的功率损失。定量泵的流量分为两部分：一部分通过主阀芯进入执行元件对外做功，另一部分经过主阀芯回油箱。由于挖掘机在一个工作循环内运动部件的速度变化较大，相应的执行元件的流量波动也很大，当执行元件由高流量需求变为低流量需求时，系统的剩余流量全部经过主阀回油箱，所以系统的流量浪费比较严重。另外，挖掘机工作时，外部负载在执行元件的驱动侧建立了较高的压力，而主泵的流量在经过主阀节流孔 A1 时也有一定的压力降，即主泵出口的压力等于执行元件的驱动压力与节流孔 A1 处的压力降之和。由于油箱的压力接近于零，所以主泵出口压力几乎全部降落在主阀通向油箱的开口处。可见，由定量泵驱动的阀控调速系统的经济性能很差，该系统在经济性上的缺点集中体现为流量损失较大。

由定量泵驱动的阀控调速系统具有结构简单可靠、控制方便等优点，但其在经济性能上的缺点远大于上述优点，所以在中、大型挖掘机等对经济性要求高的机型上极少采用，只是在系统流量较小的小型挖掘机上采用。

2. 负流量控制特点

采用变量泵驱动的阀控系统可以克服上述缺陷，目前广泛采用的负流量控制系统就是采用变量泵驱动的，其液压原理如图 2 – 12 所示。

负流量系统是在节流调速系统的基础上，采用变量液压泵驱动，在主阀到油箱的通路上增加节流元件而组成的。变量泵的排量由主阀到油箱上新增加的节流元件的上游压力（通常称为负压力）调定。

当操作人员加大手柄偏角时，先导压力推动主阀芯 A1 移动，主泵通向执

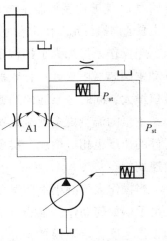

图 2 – 12　负流量控制原理

行元件的开口增大，同时主泵通向油箱的开口相应减小，主泵的流量更多地流入执行元件，执行元件的速度也相应增加，实现了操作人员的增速期望。同时，主阀到油箱的流量相应减少，负压力相应降低，主泵排量在弹簧力的作用下增加以增加系统流量，当手柄偏角减小时，节流口 A1 减小，系统流量更多地通过负压力节流孔回油箱，此时负压增大，克服主泵变量弹簧将泵排量调小，以降低系统流量。

可见，系统流量能够随操作人员对手柄的操作而做相应调整，以实现泵的流量供给与执行元件的流量需求之间的平衡。

与节流调速系统相比，负流量控制方式具有结构上的优越性，其经济性能大大提高，基本上实现了系统的流量匹配和功率匹配。

下面分析负流量系统的功率损失情况：

　　与节流调速系统相比，负流量系统的压力损失情况没有发生改变，主阀到执行元件的开口 A1 处仍然有压力降，主泵出口压力全部降落在主阀到油箱的两个节流口上。负流量系统的优点集中体现在流量损失控制上。由于负压对主泵排量的调节，使负流量系统成为闭环控制系统，当下游的流量需求发生变化时，流量变化信息及时反馈到流量供给元件，并使系统的流量重新达到平衡。

　　当主要矛盾解决以后，原来的次要矛盾便会上升为主要矛盾。负流量系统中，系统流量的动态匹配基本上解决了定量系统的经济性问题，而系统流量的匹配精度和时间响应随之成为负流量系统的主要问题，这是由负流量系统的结构造成的。

　　负流量系统中，手柄偏角改变导致先导压力改变，先导压力改变导致主阀位移改变，主阀位移改变导致主阀到油箱的流量改变，主阀到油箱的流量改变导致负压改变，负压改变导致主泵排量和流量改变，主泵排量和流量的改变适应先导压力改变造成的执行元件流量需求改变，所以，这种控制方式存在较严重的滞后，较长的响应时间也降低了系统流量匹配精度。

　　可见，负流量系统虽然在功率利用上取得了较好的效果，但其响应的实时性和准确性有待提高。改善负流量系统响应的实时性和准确性应从系统流量信息反馈点的选取上着手。目前已经取得批量应用并取得良好效果的正流量控制系统即是如此。

　　3．正流量控制特点

　　正流量系统是在负流量系统的基础上，通过改变反馈压力的选取点而构成的。

　　正流量控制系统的液压原理如图 2－13 所示，不采用负流量系统中对

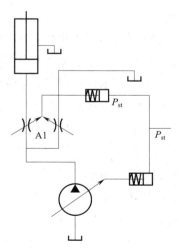

图 2－13　正流量控制原理

主泵排量的控制方式，而是直接采用手柄的先导压力控制主泵排量，手柄的先导压力同时并联控制系统流量的供给元件和需求元件，这样就克服了负流量系统中间环节过多、响应时间过长的问题。如果合理配置主阀对先导压力的响应时间和主泵对先导压力的响应时间，从理论上可以实现主泵流量供给对主阀流量需求的无延时的响应，实现了系统流量的"所得即所需"。

可见，正流量系统不但功率损失小，还具有响应快速、流量匹配精度高等优点，是目前液压挖掘机液压系统较为理想的控制方式。

挖掘机液压系统的功率控制方式经历了两次大的变革：从节流调速控制到负流量控制主要解决了系统功率损失大的问题，从负流量控制到正流量控制主要解决了响应速度慢和流量匹配精度差的问题。正流量控制方式具有功率损失小、响应速度快、流量精度高等优点，是挖掘机较为理想的控制方式。对挖掘机液压系统功率控制方式进一步的研究主要集中在系统流量的智能控制上。

2.2 负流量控制技术

挖掘机是工程机械产业中最重要的机型，挖掘机的年产销量、市场保有量、年销售额等均居于工程机械行业首位。挖掘机是工程机械各机型中技术含量较高的产品，其对动力性、经济性、操控性、舒适性和安全性等都有较高的要求。

目前，主流的挖掘机几乎全部采用液压传动，在挖掘机中，液压系统不但传递发动机输出的动力，还参与了动力传动系统的控制。液压系统的功率形式是压力和流量，几乎所有液压控制都可以归结为压力控制和流量控制。挖掘机是一种土、石方施工机械，其工作时，发动机的动力通过液压系统驱动工作装置对外做功，液压系统工作时，其压力的大小由负载决定，压力不是液压系统的固有参数。从控制的角度来讲，压力是系统对外载荷的响应。所以，对挖掘机液压系统的控制其实就是对液压系统流量的控制。

一、挖掘机液压系统的体系结构和性能分析

控制液压系统流量的途径包括改变液压泵或液压电动机的排量和改变液压阀的开度，其中，通过变量泵对流量进行控制的液压系统称为泵控系统，通过比例阀对流量进行控制的液压系统称为阀控系统。下面分别分析液压泵和液压阀的流量控制。

液压泵的理论流量公式如下：

$$Q_b = N_e \times V_b \qquad (2-1)$$

式中　Q_b——液压泵流量，单位为 L/min；

　　　N_e——液压泵输入转速，单位为 r/m；

　　　V_b——液压泵排量，单位为 L/r。

由上式可见，改变液压泵的排量和转速都可以改变其流量，进而改变执行机构的速度，其中，通过调节液压泵转速来调速的控制方式称为变频调速，通过调节液压泵排量来调速的方式称为容积调速。

挖掘机在工作过程中，一般要求柴油机转速稳定或相对稳定，即使由于外负载的变化而导致发动机转速失稳，也要通过一定的控制手段使发动机转速恢复稳定。所以，在对液压泵的流量进行控制时，可以假定输入转速是恒定的。可见，对液压泵的流量控制其实是对液压泵排量的控制。

液压阀对液压泵输出的流量进行二次调节。液压阀的流量公式如下：

$$Q_f = C_q \times A \times \sqrt{\frac{2 \times \Delta P}{\rho}} \qquad (2-2)$$

式中　Q_f——液压阀的流量，单位为 L/min；

　　　C_q——流量系数，需查表获得；

　　　A——液压阀的开度；

　　　ΔP——液压阀上的压降，单位为 MPa；

　　　ρ——液压油的密度。

由式（3-2）可见，液压阀的流量主要由两个变量决定：液压阀的开度 A 和阀上的压降 ΔP。由于液压系统的压力是由外负载决定的，而外负载往往是不可预知的，所以，目前对液压阀的流量控制只能通过控制其开度 A 实现，即通过 PWM 电流信号驱动电磁铁推动阀芯产生位移，阀芯位移产生一个阀的开度 A，从而得到液压阀的输出流量。可见，对液压阀的控制主要是对液压阀输入电流信号的控制。

泵控调速方式是通过改变液压泵的排量来实现的，所以调速过程中液压系统没有流量损失，也就没有功率损失，经济性好；同时，由于调节液压泵的斜盘倾角需要推动斜盘、柱塞、滑靴等一系列的质量元件和摩擦副，惯性较大，其排量的响应时间较长，经实验室测试，力士乐 A11VO130 液压泵的排量响应时间为 $300 \sim 500$ ms。

阀控调速方式是通过改变并联回路之间的相对液阻来实现的，所以大部分流量经控制阀进入执行元件对外做功，多余的流量经控制阀回油箱，这部分流量是浪费的流量。可见，阀控流量控制方式存在不做功的流量，其经济性不好；同时，由于改变液压阀的开度只需要通过电磁铁推动阀芯移动，而阀芯的质量远远小于液压泵的运动质量。所以，阀控方式的响应速度很快，一般取决于电磁铁的响应频率。目前，一般的液压阀电磁铁的响应频率在 10 Hz 左右，高速电磁铁的响应频率可超过 20 Hz。

由上述分析可见，泵控调速方式和阀控调速方式是优势互补的，如果能将二者的优势结合起来，克服各自的缺点，则是一种较为理想的流量控制方式。目前川崎精机（KPM）等挖掘机液压系统成套设备供应商所提供的负流量液压系统，其流量控制正是这样一种控制方式，即变量泵＋比例阀的流量控制方式。

二、负流量液压系统分析

前述变量泵＋比例阀的液压系统既综合了泵控系统和阀控系统的优点而又克服了各自的缺点，具有明显的性能优势。但该系统具有两个控制点：液压泵排量和比例阀开度，而且二者是相互关联的，液压泵是系统流量的供应方，液压阀是系统流量的需求方，系统流量的供需平衡才能实现功率匹配和节能，否则可能导致功率浪费或供油不足。

负流量液压系统是通过闭环反馈控制来解决这一问题的，负流量控制系统液压原理如图 2 - 14 所示。

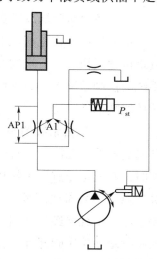

图 2 - 14　负流量控制系统
液压原理

可见，在负流量控制系统中，操作人员直接对比例阀 A1 进行控制，通过主阀中位的剩余流量流经液阻产生的压力对变量泵的排量进行间接控制。变量泵的排量受主阀中位流量的控制，二者变化方向相反，负流量系统也因此而得名。

变量泵输出的流量通过主阀去工作，主阀中位的剩余流量回来对液压泵的排量进行调节，这种结构对系统流量构成了闭环控制，其控制系统结构如图 2 - 15 所示。

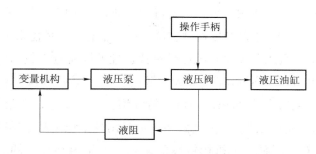

图 2 - 15　负流量控制系统结构

从控制系统的角度来看，负流量液压系统是一种流量偏差的闭环控制系统，前向通道包括液压泵和液压阀，操作手对液压阀开度的操作表现为对液压阀流量需求的干扰，液压阀中位剩余流量对液压泵排量的控制构成了反馈通道，反馈压力对液压泵变量活塞的驱动实现了对液压泵变量机构的增量控制，使液压泵与液压阀的流量供需重新回到平衡，从而消除了操作手的操作对液压阀流量需求的干扰作用。

三、负流量液压系统的控制缺陷分析

负流量系统在挖掘机上进行实际应用时存在操控性差、液压泵变量机构磨损快、执行机构容易产生震荡等问题，这些问题都与负流量系统的控制缺陷有关。下面从控制的角度分析挖掘机负流量液压系统的性能缺陷。

（1）负流量系统的响应速度较低。负流量系统对流量的控制是闭环的流量偏差控制，只有当液压泵和液压阀的流量供需之间出现不匹配时，对流量才有纠正作用，这在本质上是一种事后补偿机制。由于反馈通道和前向通道都存在延时，当操作人员对液压阀进行操作时，流量需求信息要经过反馈通道控制液压泵排量，执行机构的速度并不能及时跟随液压阀开度的变化，使操作人员感觉到系统的操控性较差，手感不好。

（2）负流量系统的动态流量稳定性较差。由于闭环控制系统的特性，负流量系统在稳态和准静态过程下的流量控制精度较高。但是，挖掘机工作时的流量需求是一个动态过程，动臂、斗杆、铲斗和回转等执行机构要求又快又准的速度控制和位置控制，有时流量需求的变化频率会较高，这就要求负流量系统在具有快速性的同时具有较高的稳定性。实际上，由于反馈通道存在较大的延时，对于某些频段的流量需求，反馈环节与控制信号的相位差可能持续增大，直至超出负反馈的边界而出现短时的正反馈，从而导致系统流量出现不稳定甚至震荡。

（3）对液压泵变量机构持续的微调。为了得到较高的流量精度，反馈环节需要持续不断地对液压泵的变量机构进行微调，这在客观上加剧了液压泵变量机构的磨损，使液压泵的寿命大大降低。

由以上分析可见，负流量液压系统对流量的控制存在诸多缺陷，流量控制的快速性、准确性和稳定性都有问题，其性能缺陷的根源是系统的延时特性和闭环特性。

综上所述，负流量液压系统综合了泵控系统和阀控系统的优点，通过液压阀中位流量对液压泵排量的控制建立了反馈通道，构成了液压系统的流量闭环控制，具有一定的控制优势。但是，负流量系统用于挖掘机并不十分合适，不能满足挖掘机工作中对液压系统流量快速变化及准确和稳定的要求，出现了操作手感差、工作装置容易震荡、液压泵变量机构磨损快等缺陷。

负流量液压系统在挖掘机上应用过程中出现的这些缺陷也不能完全否定其技术价值，在动作频率相对较低、工作装置不要求快速动作的其他工程机械上可以广泛应用，这样既能发挥负流量系统的控制优势和节能优势，也能克服其诸多控制缺陷，实现扬长避短、物尽其用。

2.3 正流量控制技术

挖掘机是最重要的工程机械产品，其产品复杂程度、作业性能要求和技术含量等均为工程机械各个产品之最，堪称工程机械之王。目前，主流的单斗液压挖掘机全部采用液压传动，液压系统不但传递发动机输出的动力，还参与了动力传动系统的控制。

液压系统的功率形式是压力和流量，几乎所有液压控制都可以归结为压力控制和流量控制。挖掘机是一种土石方施工机械，其工作时，发动机的动力通过液压系统驱动工作装置对外做功，液压系统工作压力的大小由负载决定，压力不是液压系统的固有参数。从控制的角度来讲，压力是系统对外载荷的响应。所以，对挖掘机液压系统的控制其实就是对液压系统流量的控制。

一、挖掘机液压系统的体系结构和性能分析

根据液压系统的流量控制方式，液压系统可以分为泵控液压系统和阀控液压系统，其中，泵控液压系统是通过改变液压泵或液压电动机的排量来控制液压系统流量的，阀控液压系统是通过改变液压阀的开度来控制液压系统的流量的。下面分别分析液压泵和液压阀的流量控制机理。

液压泵的理论流量公式如下：

$$Q_b = N_e \times V_b \tag{2-3}$$

式中　Q_b——液压泵流量，单位为 L/min；

　　　N_e——液压泵输入转速，单位为 r/m；

　　　V_b——液压泵排量，单位为 L/r。

由式（2-3）可见，改变液压泵的排量和转速都可以改变其流量，进而改变执行机构的速度，其中，通过调节液压泵转速来调速的控制方式称为变频调速，通过调节液压泵排量来调速的方式称为容积调速。

挖掘机在工作过程中，一般要求柴油机转速稳定或相对稳定，即使由于外负载的变化而导致发动机转速失稳，也要通过一定的控制手段使发动机转速恢复稳定，所以，在对液压泵的流量进行控制时，可以假定输入转速是恒定的。可见，对液压泵的流量控制主要是对液压泵排量的控制。

液压阀对液压泵输出的流量进行二次调节。液压阀的流量公式如下：

$$Q_f = C_q \times A \times \sqrt{\frac{2 \times \Delta P}{\rho}} \tag{2-4}$$

式中　Q_f——液压阀的流量，单位为 L/min；

　　　C_q——流量系数，需查表获得；

　　　A——液压阀的开度；

　　　ΔP——液压阀上的压降，单位为 MPa；

　　　ρ——液压油的密度。

由式（2-4）可见，液压阀的流量主要由两个变量决定：液压阀的开度 A 和阀上的压降 ΔP。由于液压系统的压力是由外负载决定的，而外负载往往是不可预知的，所以，目前对液压阀的流量控制只能通过控制其开度 A 实现，即通过 PWM 电流信号驱动电磁铁推动阀芯产生位移，阀芯位移产生一个阀的开度 A，从而得到液压阀的输出流量。

泵控调速方式是通过改变液压泵的排量来实现的，属于容积调速，所以调速过程中液压系统没有流量损失，也就没有功率损失，经济性好；同时，由于调节液压泵的斜盘倾角需要推动斜盘、柱塞、滑靴等一系列的质量元件和摩擦副，惯性较大，其排量的响应时间较长，经实验室测试，力士乐 A11VO130 液压泵的排量响应时间为 300～500 ms。

阀控调速方式是通过改变并联回路之间的相对液阻来实现的，因此，大部分流量经控制阀进入执行元件对外做功，多余的流量经控制阀回油箱，这部分流量是浪费的流量。可见，阀控流量控制方式存在不做功的流量，其经济性不好；同时，由于改变液压阀的开度只需要通过电磁铁推动阀芯移动，而阀芯的质量远远小于液压泵的运动质量。因此，阀控方式的响应速度一般取决于电磁铁的响应频率。目前，一般的液压阀的电磁铁的响应频率在 10 Hz 左右，高速电磁铁的响应频率可超过 20 Hz。

由上述分析可见，泵控调速方式和阀控调速方式是优势互补的，如果能将二者的优势结合起来，克服各自的缺点，则是一种较为理想的流量控制方式。目前川崎精机等挖掘机液压系统成套设备供应商所提供的负流量液压系统和正流量液压系统，其流量控制正是这样一种控制方式，即变量泵 + 比例阀的流量控制方式。

二、正流量液压系统分析

正流量系统是针对负流量系统的应用性能缺陷而提出的。在负流量控制系统中，操作人员直接对比例阀进行控制，通过主阀中位的剩余流量对变量泵的排量进行间接控制。变量泵的排量受主阀中位流量的控制，二者变化方向相反。变量泵输出的流量通过主阀去工作，主阀中位的剩余流量回来对液压泵的排量进行调节，这种结构对系统流量构成了闭环控制。

从控制系统的角度来看，负流量液压系统是一种流量偏差的闭环控制系统，前向通道包括液压泵和液压阀，操作手对液压阀开度的操作表现为对液压阀流量需求的干扰，液压阀中位剩余流量对液压泵排量的控制构成了反馈通道，反馈压力对液压泵变量活塞的驱动实现了对液压泵变量机构的增量控制，使液压泵与液压阀的流量供需重新回到平衡，从而消除了操作手的操作对液压阀流量需求的干扰作用。

负流量液压系统对流量的控制存在诸多缺陷，流量控制的快速性、准确性和稳定性都有问题，其性能缺陷的根源是系统的延时特性和闭环特性。负流量系统在挖掘机上进行实际应用时存在操控性差、液压泵变量机构磨损快、执行机构容易产生震荡等问题，这些问题都与负流量系统的控制缺陷有关。

为了克服负流量液压系统的诸多缺陷，正流量液压系统应运而生。正流量液压系统的液压原理如图 2 – 16 所示。

由图 2 – 16 可见，在正流量液压系统中，液压泵的排量与液压阀的开度受同一个操作信号控制，液压泵和液压阀都是直接通过开环控制的，这与负流量液压系统中液压泵排量受操作信号的间接控制不同。

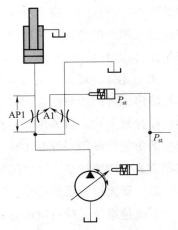

在正流量液压系统中，对比例阀的操作信号同时控制着液压泵的排量，这种方式是有依据的。操作人员对液压阀的操作信号中包含了对挖掘机执行机构的速度期望，这种速度期望直接体现为比例阀对液压泵的流量

**图 2 – 16　正流量液压系统的
液压原理**

需求和排量需求。在正流量液压系统中，通过对液压泵排量控制通道的压力——排量匹配设计和延时特性设计，可以实现液压泵与比例阀流量供需之间的准确性、及时性和稳定性。正流量液压系统的这些性能优势是由系统的开环特性和直接控制决定的，可见，开环系统的控制性能不一定比闭环系统差。

三、正流量液压系统的控制性能分析

操作人员的控制信号对负流量系统和正流量系统的意义完全不同。

对负流量系统而言，操作人员的控制信号直接控制液压阀的开度，改变了液压阀对液压泵的流量需求，这种对液压阀流量需求的改变打破了原有的流量供需平衡关系，从某种意义上讲，操作人员的控制信号是对负流量系统的干扰。为了克服操作信号的干扰作用，负流量系统采用反馈通道对液压泵的排量进行控制，以求重新达到液压泵与液压阀之间的流量供需平衡。负流量系统这种流量跟随和事后补偿的控制机制决定了其在实际应用中的诸多性能缺陷。

对正流量系统而言，操作人员的控制信号并不是系统的干扰信号，而是指令信号。正流量系统的控制结构如图 2 - 17 所示。

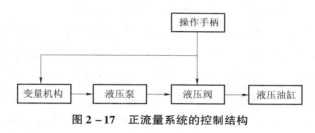

图 2 - 17　正流量系统的控制结构

由上述正流量系统的控制结构图可见，系统有两个开环控制通道：操作信号对液压阀开度的开环控制和操作信号对液压泵排量的开环控制。这种控制结构相对负流量系统而言具有明显的优势：液压泵和液压阀这两个控制点均采用开环控制，克服了闭环控制的诸多缺陷；操作信号对系统而言是开环控制的信号源，而不对系统构成干扰；两个共用信号源的开环控制通道实现了液压泵和液压阀的流量匹配问题，其中，操作信号对液压阀的开环控制实现流量快速性，操作信号对液压泵的开环控制实现准确性，开环控制本身实现稳定性。

正流量系统的控制优势是相对负流量系统而言的，并不说明正流量系统是完美的，正流量系统也有一些控制缺陷。

操作人员与挖掘机是控制者与被控对象的关系，液压系统直接接受操作人员的控制信号而驱动挖掘机工作，部分或全部实现操作人员的意图。操作人员总是希望有完美的操控性，即操作人员希望挖掘机的实际动作总是与操作人员预想的一致。正流量系统克服了负流量系统的诸多缺陷，操控性得到了明显提升，但仍然不能完全实现操作人员的控制意图，让操作人员得到完美的手感，因为正流量系统仍然不能克服负载对系统流量的影响。

通过液压阀的实际流量与负载有关，负载通过系统压力影响系统的流量，对于操作人员发出的同样的控制信号，当负载较大时，挖掘机的动作速度会降低，操作人员会感觉到负载对挖掘机速度的影响。这种特性虽然没有完全执行操作人员的速度控制意图，但也向操作人员传递了一些有用信息，让操作人员感觉到挖掘机负载的大小。

综上所述，挖掘机液压系统从负流量控制到正流量控制的转变，是一种技术发展和进步，而这种技术进步的意义，更多地体现在控制系统的层面上。正流量系统通过简单而优化的控制结构，实现了液压系统流量匹配的准确性、稳定性和快速性，具有突出的控制优势。

正流量系统的意义主要体现在其控制结构上，这种控制结构克服了系统自身的控制缺陷，消除了因系统固有结构和固有参数导致的系统误差。正流量系统也不是完美的，其控制性能缺陷源于其对外负载的干扰作用。正流量系统的动作速度对外负载的变化表现出一定的速度刚度，也具有表征外负载大小的积极意义。

在正流量系统的基础上，挖掘机液压系统的后续改进方向之一是液压系统流量和功率对外负载的自适应控制，使液压系统对外负载具有较强的速度刚度，从而使操作人员得到更好的操控手感和随心所欲的操作乐趣。

2.4　负荷传感系统控制技术

一、负荷传感控制的原理

图 2-18 所示为负荷传感控制系统，包括负荷传感控制阀和负荷

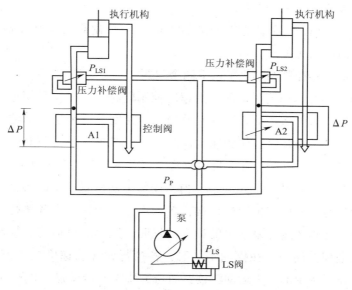

图 2 - 18 负荷传感控制系统

传感泵。系统的最高负荷传感压力 P_{LS} 由梭阀链选取，并传送到主泵的 LS 调节阀和控制阀的压力补偿阀。各主控阀并联，无中立回路。

通过控制阀节流的流量特性方程

$$Q = KA \sqrt{\Delta P} \tag{2-5}$$

式中　Q——流进执行元件的流量；

　　　　K——常数；

　　　　A——控制阀口的节流截面积；

　　　　ΔP——节流前后的压差。

$$\Delta P = P_P - P_L S \tag{2-6}$$

式中　P_P——主泵出口压力；

　　　　P_{LS}——负荷传感压力。

当采用压力补偿阀后，各控制阀口的 ΔP 为常数。在液压挖掘机上，一般 $\Delta P = 2 \sim 3$ MPa。

因此，通过负荷传感控制阀的流量 Q 与控制阀的开度 A 成正比，而与负荷压力无关。

负荷传感控制阀解决了以下两个问题：

（1）单个执行元件动作时的速度控制问题。当操作手柄行程给定时，无论负荷怎么变动，执行元件的运动速度保持恒定，即使操作手柄行程小、工作装置动作的速度慢时，也可产生强力，因而微操作性能好，尤其适合起重作业、反向掘削，以及带破碎头等附件的作业。

（2）复合作业的同步问题。当各操作手柄位置给定时，对应执行元件的流量分配保持恒定的比例，各动作互不干扰。在各执行元件需求的流量之和超过主泵输出的最大流量时，完全的负荷传感控制系统具有抗饱和的能力。在供油不足时，各执行元件的速度按比例下降，保持操作者预定的斗齿运动轨迹，而与负荷压力和泵流量的大小无关。这样，在挖掘时方便满斗装载，易于挖掘软岩或孤石，在刷边坡或平整作业时不会出现沟痕。

采用负荷传感控制阀提高了液压操作的微调性能和复合作业的同步性能，而要解决液压系统的节能问题，还必须按主控阀开度的变化实时调节主泵的流量。

如图 2-18 所示，调节主泵排量的 LS 阀右端引入主泵出口压力 P_P，左端则受到负荷传感压力 P_{LS} 和弹簧力 P_K 作用。调节此弹簧的预压力，即可调整负荷传感压差 ΔP_{LS}。当 $P_K = \Delta P_{LS} = P_P - P_{LS}$ 时，LS 阀芯受力平衡，主泵维持一个稳定的排量。

如果控制阀开度变小，动态的 ΔP_{LS} 将大于 P_K，主泵排量减小，如图 2-19 所示；反之，如果控制阀开度变大，ΔP_{LS} 小于 P_K，主泵排量加大。在主控阀的整个行程中，主泵输出的流量始终等于执行元件所需油量，与负荷压力的大小无关，如图 2-20 所示。

表 2-1 列出了采用负荷传感控制的部分厂牌机型。

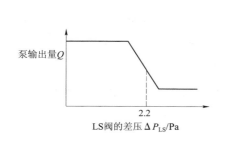

图 2-19　负荷传感的泵控特性

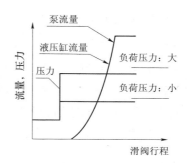

图 2-20　负荷传感控制的流量特性

表 2-1　典型负荷传感控制的部分厂牌机型

厂牌/系列型号	主控阀类型	压力补偿元件/LS 传感元件	控制系统
日立 EX—2	三位四通	比例阀组 + 可变压力补偿阀 梭阀链 + 压差传感器	日立 ELLE
小松 PC—6 小松 PC—7 小松 PC—8	三位七通	压力补偿阀 LS 梭阀链	小松 CLSS
阿特拉斯 2603 阿特拉斯 3306 利勃海尔 R914 利勃海尔 R924	三位五通	压力补偿阀 LS 开关阀	林德 LSC
利勃海尔 R900B 利勃海尔 R904B	三位五通	压力补偿阀 + 负荷保持阀 LS 梭阀链	力士乐 LUDV

二、小松 CLSS 系统

在小松公司的 PC-6、PC-7、PC-8 系列挖掘机上采用了如图 2-21 所示的 CLSS 系统（Closed Center Load Sensing System，闭式中心负荷传感系统）。主泵溢流阀 3 设定主控阀之前的主油路安全压力，而卸荷阀 4 设定主控阀全部关闭时的空载压力。LS 旁通阀 13 用于防止负荷传感压力 P_{LS} 急剧升高，还可以增强主控阀的动态稳定性。

41

执行元件中最高的负荷传感压力 P_{LS}，经 LS 梭阀链从 LS 油路 9 传到主泵的 LS 阀 14 左端，LS 阀右端受到主泵出油压力 P_P 的作用，负荷传感的压差 $\Delta P_{LS} = P_P - P_{LS}$ 控制主泵排量变化。LS 阀的设定压力为 2.2 MPa，当主控阀开度增大或负荷压力增大到 $\Delta P_{LS} < 2.0$ MPa 时，主泵排量增加；当主控阀开度减小或负荷压力减小到 $\Delta P_{LS} > 2.5$ MPa 时，主泵排量减小。

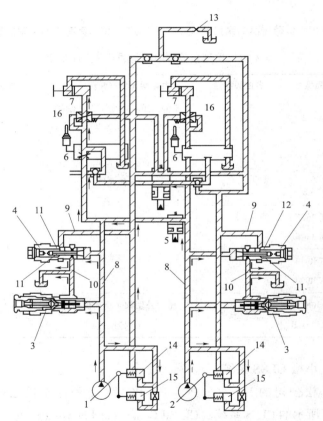

图 2-21 CLSS 系统的原理

1—前泵；2—后泵；3—主泵溢流阀；4—卸荷阀；5—合流/分流阀；6—主控阀；
7—执行元件；8—泵油路；9—LS 油路；10—油箱油路；11—阀；12—弹簧；
13—LS 旁通阀；14—LS 阀；15—PC 阀；16—压力补偿阀

　　在主控阀 6 的出口，安装有压力补偿阀 16，用来平衡负荷。当复合操作两个以上的执行元件时，压力补偿阀使各主控阀节流的入口压力 P_P 和节流阀口出口的压力 P_{LS} 的压差 ΔP_{LS} 保持相同，因此各执行元件 7 的进油流量是按其主控阀滑阀的开度来分配的，与其负荷压力的高低无关。

　　小松的压力补偿阀如图 2－22 所示，由止回阀 2 和活塞 4 及其内装的往复球阀 3 等组成。主泵压力 P_A 经量孔 a 节流后，顶开主滑阀内装的单向球阀 7，使执行元件进油腔 C 的负荷压力 P_C，经过量孔 b 和油道 d 传到梭阀 6，成为负荷传感压力 P_{LS}，并且被引入压力补偿阀的 D 口。

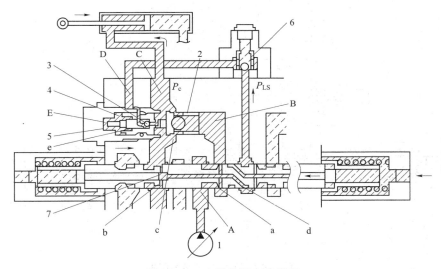

图 2－22　小松的压力补偿阀

1—泵；2—止回阀；3—球阀；4—活塞；5—弹簧；6—梭阀；7—单向球阀

　　在单独操作一个执行元件时，因为 P_C 压力经过孔 b、d 节流减压而成为 P_{LS}，$P_{LS} < P_C$，使球阀 3 向左移动。于是，P_C 压力油通过油沟 e 进入 E 腔，再加上弹簧 5 的作用力，就会将活塞 4 和止回阀 2 一起向右推移，关小压力补偿阀的节流口 C。负荷压力 P_C 越大，阀口 C 的

开度越小。当动态的负荷压力 $P_C > P_B$ 时，阀口 C 关闭，起到高压止回阀的作用。

在复合操作时，若负荷压力 P_C 高于其他执行元件的负荷压力，C 腔压力 P_C 将高于 B 腔压力 P_B，阀口 C 关闭，防止高负荷压力回传到 B 腔。

在复合操作时，若负荷压力 P_C 低于其他执行元件的负荷压力，从 LS 梭阀 6 引到 D 口的最高负荷传感器压力 P_{LS} 将大于 P_C，球阀 3 向右移动堵住 C 腔进油（见图 2 - 23），P_{LS} 压力通过油沟 e 传到 E 腔，将活塞 4 向右推移，关小阀口 C。负荷传感压力 P_{LS} 越大，阀口 C 的开度越小。

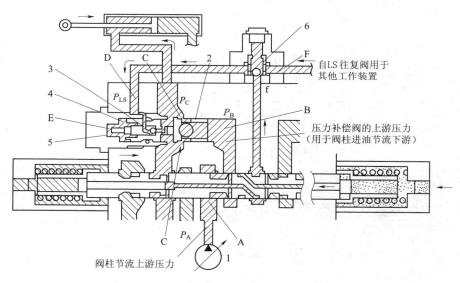

图 2 - 23　压力补偿阀的原理

1—泵；2—止回阀；3—球阀；4—活塞；5—弹簧；6—梭阀

阀口 e 的开度减小，将使主阀芯节流的下游（B 腔）压力 P_B 增大。在设计时，取活塞 4 直径与止回阀 2 直径之比（压力补偿面积比）为 1 时，压力 P_B 将变得与最高负荷传感压力 P_{LS} 相同，即 $P_B = P_{LS}$。另一方面，泵的出口压力 P_A 对所有执行元件都是相同的，$P_A = P_P$。因此，主

控阀节流口的压差 $\Delta P = P_A - P_B = P_P - P_{LS}$ 对所有动作的主控阀都是相同的，主泵流量将按各滑阀的开口面积分配给复合作业的执行元件。

在铲斗阀和附件（破碎头）备用阀上，采用了集成压力补偿阀。如图2-24所示，一体式止回阀是将活塞与止回阀制成一体。在阀口 f 关闭之前，当铲斗液压缸（底端）和破碎头作业产生高的峰值负荷压力时，C 腔的负荷压力不能进入弹簧腔 E。这样，就可防止阀与阀座发生冲击而损伤阀口 f。

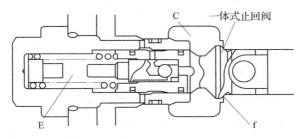

图2-24 集成压力补偿阀

为了在爬陡坡时借助工作装置作业，考虑到减小了行走马达的进油量，图2-25中 C 腔压力小于 E 腔内的 LS 压力（见图2-23），因

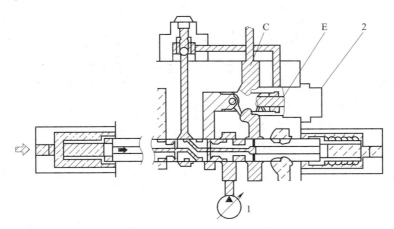

图2-25 行走压力补偿阀

1—变量泵；2—压力补偿阀芯

此在行走电动机的主阀压力补偿阀中，取消了图2－23中往复球阀3、活塞4及弹簧5，采用了如图2－25中2所示的结构。

在CLSS系统中，负荷传感压力P_{LS}通过LS阀14（见图2－21）控制主泵变量。由于挖掘机转盘的转动惯性力矩很大，会产生很高的回转负荷压力。当复合操作回转与动臂举升时，若回转的P_{LS}压力经LS梭阀链传入动臂举升的压力补偿阀，如图2－23所示，止回阀2将关小，动臂液压缸进油量减小，则要回转180°才能举升装车的高度。

为了改变装车作业时动臂举升慢而回转快的问题，并希望回转90°就能完成动臂举升，在LS梭阀链上设计有一个LS选择阀，如图2－26所示。图中，PPC是比例压力阀Proportional Pressure Control的简称，BP指的是PPC阀块的信号压力油口，动升臂信号压力BP指在控制动臂上升的比例压力控制阀的信号压力油口。当扳动动臂（举升）操作阀（PPC）时，回转先导压力BP将推动活塞3和4，使逆止阀1关闭回转的P_{LS}压力进入LS梭阀链油道9的阀口，即使回转的P_{LS}压力很高，动臂举升液压缸也只受动臂缸底端的P_{LS}控制。同时，主泵

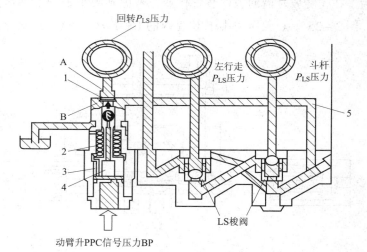

图2－26　LS选择阀的功能

1—逆止阀；2—弹簧；3，4—活塞；5—油道

的 LS 阀也不会因为引入过高的回转 P_{LS} 压力而减小主泵流量,确保回转的同时有足够的油流入动臂液压缸。

三、力士乐的 LUDV 系统

在利勃海尔 R900 ~ R904 挖掘机上,采用了力士乐公司的 LUDV 系统 (Last Unabhangige Durchfluss Verteilung,负荷传感分流器系统)。在山河智能的 SWE85 挖掘机上,由力士乐 A11V09 主泵和 SX14 主控阀构成 LUDV 系统。

如图 2 - 27 所示,LUDV 系统是一个单泵系统,压力补偿阀 A1、A2 位于主控阀后端,各主控阀进出油口的压差相等,即 $\Delta P_1 = \Delta P_2 = P_P - P_{LS}$。

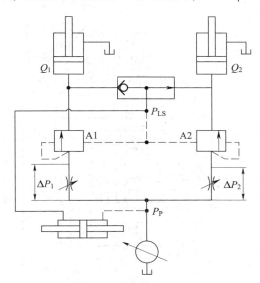

图 2 - 27　LUDV 系统原理

若斗杆液压缸动作需求的流量 $Q_1 = 200 \text{ L/min}$,铲斗液压缸需求的流量 $Q_2 = 150 \text{ L/min}$,而主泵供油的最大流量 $Q_P = 300 \text{ L/min}$,系统将按以下比例给两个液压缸分配流量

$$300/(200 + 150) = 0.85$$

这时,斗杆缸的实际流量

$$Q_{V1} = 200 \times 0.85 = 172 \;(\text{L/min})$$

生产斗缸的实际流量

$$Q_{V2} = 150 \times 0.85 = 128 \;(\text{L/min})$$

在 LUDV 系统上，执行元件进油流量的需求是通过主控滑阀的开度和主泵调节器上的负荷传感压力 P_{LS} 控制的，与执行元件的负荷压力无关。

工作装置的主控阀如图 2-28 所示，图中滑阀 4 处于空挡位置，P 腔与 P′腔不通。

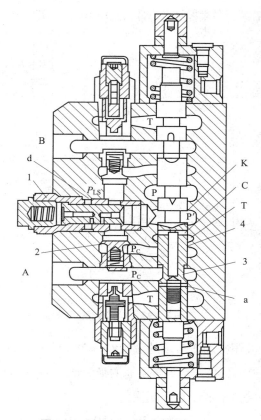

图 2-28　R904Li 的主控阀

1—压力补偿阀；2—负荷保持阀；3—单向阀；4—滑阀

当滑阀向上移动时，阀芯的 K 棱边进入 P 腔后，主泵供油压力 P 经滑阀节流减压后进入 P′腔，$P' < P$。压力油 P′经量孔 C 和油道 b，将顶开单向阀 3，使执行元件进油接口 A 处压力，即负荷压力 P_C 受量孔 a、c 节流后传至 P′腔，$P_C < P'$。

若 A 口负荷压力 P_C 瞬间为高压，则 $P_C > P'$。P′腔的压力向左顶开压力补偿阀 1 的阀芯，作用于负荷保持阀 2 的端面，但是阀 2 另一侧受到 P_C 压力的作用，负荷保持阀关闭，成为高压止回阀，阻止 P_C 压力逆流到 P′腔。同时，P' 压力经压力补偿阀 1 阀芯内的油孔节流后，进入负荷传感油道 d，形成负荷传感压力 P_{LS}（见图 2 – 29（a））。对所有动作的执行元件的滑阀而言，其 P′腔的压力都是相同的，即 $\Delta P = P - P'$ 是相同的，各执行元件进口的流量按其滑阀的开度进行分配。

若 A 口负荷压力 P_C 为低压，则 $P_C < P'$。负荷保持阀 2 开启，经过滑阀节流后的泵压 P' 将进入 P_C 腔。同时，从 LS 油路 d 传来的其他执行元件的较高的 P_{LS} 压力将进入 P′腔（图 2 – 29（b））进行压力补偿，使各动作滑阀的 P′腔压力相同，因此 $\Delta P = P - P'$ 仍然不变，各执行元件进口的流量仍按其滑阀的开度进行分配。

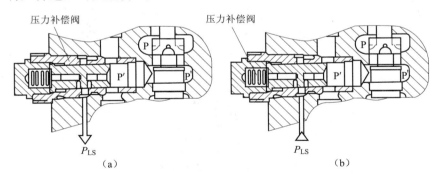

图 2 – 29 力士乐的压力补偿阀

（a）高压位置；（b）低压位置

四、林德的 LSC 系统

在利勃海尔 R914 ~ R924 型挖掘机和阿拉斯的 2006 ~ 2306 型挖掘

机上，都采用了林德公司的 LSC 系统（Linde Synchronous Control，林德同步控制系统）。LSC 系统也是一种完全的负荷传感控制系统，具有抗流量饱和的能力，即在执行元件的需求超过主泵最大流量时，仍然可以自动实现各执行元件之间的瞬时同步动作。

如图 2-30 所示，调节主泵 20 上的 LS 阀 23.5 的弹簧可设定负荷传感压差 ΔP_{LS}，一般 ΔP_{LS} 为 2.25~2.45MPa。在主控阀 220 上，除用阀芯 223 的开口节流调节执行元件 235 的进油量之外，还利用压力补偿阀 225 和 LS 开关阀 227，来保持各阀芯 223 可变节流口两端的压差 ΔP_{LS} 相同。102 为主油路的溢流阀，101 为负荷传感 LS 回路的卸荷阀。

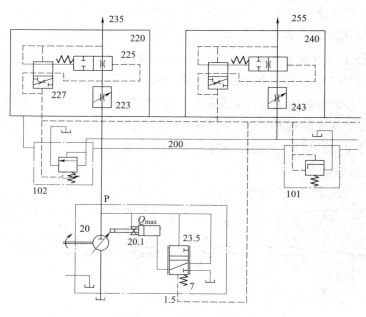

图 2-30　LSC 系统原理

主控阀如图 2-31 所示，当滑阀处于空挡位置时，油泵供油压力 P 腔、执行元件进油通道 A 腔、回流至液压油箱的 T 腔及负荷传感压力 LS 腔全部被 223 阀芯关闭。压力补偿阀 225 的输出（A 腔）压力 P_a 与开关阀 227 的输出（LS 腔）压力 P_{LS} 为零（略去油箱压力）。

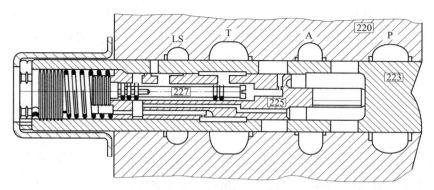

图 2 – 31　林德的 VW 系列主控阀

当主控阀 223 刚刚开启时，LS 腔与开关阀 227 接通（见图 2 – 32）。如果其他主控阀在动作，LS 腔的负荷传感压力 P_{LS} 将通过开关阀 227 的节流孔 e 传到ⓒ室。阀芯 223 继续右移，直到控制棱边 S_A 将 A 腔与压力补偿阀 225 内的ⓓ室接通。执行元件 A 腔的压力从ⓓ室，经过阀 225 的节流孔 h 和孔 f，传到阀 225 左端的ⓑ室，压力补偿阀 225 右端仍然顶住主控阀 223，阀 225 的控制棱边 S_K 依旧闭合，隔断 A 腔与控制阀 223 内的ⓐ室，维持 A 腔压力不变，起到负荷保持的作用。

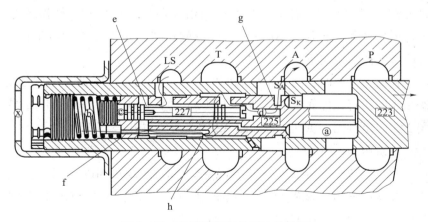

图 2 – 32　负荷保持时的压力补偿阀

当主控阀行程加大直至控制棱边 S_p 接通 P 腔与 ⓐ 室（见图 2 – 33），泵压 P 经阀口节流后，在 ⓐ 室形成压力 P'。P' 压力通过压力补偿阀内 m 孔传到负荷传感 LS 腔，因此 $P' = P_{LS}$。

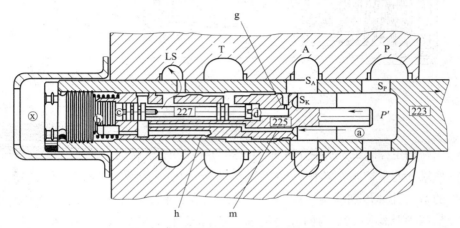

图 2 – 33　执行元件进油时的压力补偿阀

由于 A 腔压力经量孔 9 和 h 节流后才进入 ⓑ 腔，只要 ⓐ 室形成的压力 P' 大于 ⓑ 腔压力 $P_{ⓑ}$，即 $P' > P_{ⓑ}$，压力补偿阀 225 便会向左移动，其控制棱边 S_K 打开 ⓐ 室到 A 腔的通道，这样主泵就可向执行元件进油腔 A 供油。因为各个动作的主控阀的 ⓐ 室压力 $P' = P_{LS}$ 是相同的，这样阀口 S_p 的节流压差 $\Delta P = P - P_{LS}$ 也就相同，通往 A 腔的流量仅与 S_p 的节流截面积成正比。

在复合操作时，两个主控阀同时动作，如图 2 – 34 所示。假如滑阀 223 向执行元件 Ⅱ 供油，则进油腔 A1 的负荷压力 $P_1 = 20$ MPa；滑阀 243 向执行元件供油，进油腔 A2 的负荷压力 $P_2 = 15$ MPa。

主泵压力

$$P = P_1 + \Delta P_{LS} = 20 \text{ MPa} + 2.3 \text{ MPa} = 22.3 \text{ MPa}$$

高压位置的主阀芯 223 内 ⓐ 室的压力 P'，经过 m 孔和开关阀 227 开启的活塞边缘，在 LS 腔建立负荷传感压力 P_{LS}。

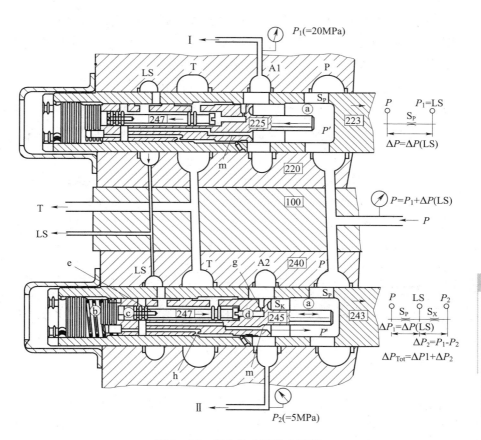

图 2-34 复合作业时的主控阀

$$P_{LS} = P' = P_1 = 20 \ \text{MPa}$$

在低压位置的主阀 243 的 LS 腔压力 P_{LS}（=20 MPa），经量孔 e 节流后在开关阀 247 左端ⓒ室建立的压力 $P_{ⓒ}$，要大于 A2 腔的压力 P_2（=15MPa）经量孔 g 节流后在开关阀 247 右端ⓓ室建立的压力 $P_{ⓓ}$，因此，开关阀 247 向右移动，关闭由 A2 通往ⓑ室的油道。负荷传感压力 P_{LS} 经量孔 h 和 f 孔传到ⓑ室，建立压力 $P_{ⓑ}$。

在林德的 LSC 系统中，LS 梭阀链是通过开关阀来选取最高的负荷传感压力。如图 2-34 所示，此时 P_{LS} 压力经由量孔 h 和 m 孔，传到

ⓐ室。主阀 243 的 ⓐ室压力与主阀 223 的 ⓐ室压力相同，均为 $P' = P_{LS}$。也就是说，阀口 S_p 的节流压差 $\Delta P_1 = \Delta P_{LS}$ 都是相同的，主泵流量在执行元件 Ⅰ 和 Ⅱ 之间是按其各自阀口开度 S_p 来分配的。

当负荷压力 P_2 发生波动时，压力补偿阀 245 处于调节状态。

$$P_2 = P - \Delta P_1 - \Delta P_2 = 22.3\ \text{MPa} - 2.3\ \text{MPa} - 5\ \text{MPa} = 15\ \text{MPa}$$

式中　　ΔP_2——压力补偿阀节流口的压差，由 245 阀的控制棱边 S_K 调节。

当 P_2 下降时，ⓐ室压力 P' 瞬间下降，而 ⓑ室压力由 P_{LS} 建立并未发生变化，压力补偿阀 245 向右移动，S_K 阀口关小，ΔP_2 加大，即可保持 $\Delta P_1 = \Delta P_{LS}$ 不变。事实上，S_K 阀口关小后，泵压 P 就可对 ⓐ室进行压力补偿，保持 P' 压力不变。当 P_2 上升时，补偿阀 245 向左移动，S_K 阀口开大，ΔP_2 减小，仍可保持 $\Delta P_1 = \Delta P_{LS}$ 不变。

2.5　挖掘机液压系统几种技术路线的优势分析

一、节能

旁通流量控制系统节能性较好。在主控阀全部位于中位时，旁通溢流阀开启，存在空流压力损失约 3.5 MPa，此时有最大的旁通流量损失。操作手柄扳倒一半行程时，主泵流量仍有一部分通过六通滑阀的中立回路流回油箱。

先导传感控制系统节能性好。由于主控阀为六通滑阀，仍然存在中位回油流量损失，但其 Q_{Po} 比旁通流量控制系统小。在主控阀位于中位时，回油背压小，仅 0.5 MPa 左右。当操作手柄行程加大时，主泵流量 Q_P 和执行元件进油量 Q_a 随先导控制压力 P_i 增加而增加。在流量控制压力从 P_{is} 到 P_{ie} 的调速范围内，Q_P 与 Q_a 近似为等距曲线，流量损失（$Q_P - Q_a$）变化不大。

负荷传感系统的节能性较好。主控阀无串联的中立油路回油箱，因此没有主控阀的中位空流损失。当操作手柄位于中位时，因为主泵

没有备用流量 Q_{P_0}（见图 2 - 20），主泵的空载流量损失在理论上为零。

但是，在负荷传感主控阀的节流口存在固定的压力损失 ΔP_{LS}（2 ~ 2.9 MPa），为系统最高压力的 6% ~ 8.5%。当作业中流量增大时，功率损失（执行元件所需流量与压差 ΔP_{LS} 的乘积）也不小。当复合作业各执行元件负荷压力相差很大时，由于泵流量只受最高负荷压力控制，故主泵供油流量会多于执行元件需求流量之和，也会造成功率损失。

不同流量控制系统的扭矩特性比较如图 2 - 35 所示。负荷传感控制系统中，主泵吸收的扭矩是变动的。在额定功率点上，主泵按负荷压力的变化实时调整泵的排量（见图 2 - 35（a）），因此主泵能够完全吸收发动机输出的扭矩。旁通流量控制和先导传感控制则因负荷压力变化时，主泵流量调整有一个滞后过程，主泵吸收的扭矩不变，而且为防止发动机超负荷失速，主泵在匹配工作点吸收的扭矩，设计时低于发动机额定转速下输出的扭矩，故将损失 5% ~ 8% 的功率。

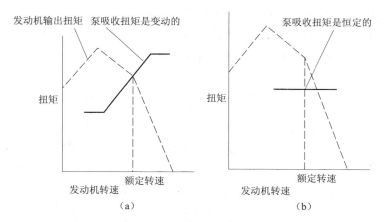

图 2 - 35 发动机与主泵的功率匹配

（a）负荷传感系统；（b）其他流量控制系统

需要说明的是，上述有关节能性的对比分析，仅针对流量控制而言。某一机型是否节能，还要考虑是否采用混合动力技术、发动机本身的燃油消耗特性、发动机的调速特性及其动力适应控制（发动机 -

主泵功率的动态匹配）、液压主泵的负载适应控制以及主控阀的负载适应控制等。

在液压挖掘机上，发动机—泵—阀的联合控制是机电液一体化的系统。除了流量控制，还有其他的控制方法来实现节能，例如自动怠速、短时超载、溢流（切断）控制、恒功率控制、分工况的变功率控制以及动臂再生控制、斗杆再生控制，等等。

因此，对于具体厂牌系列或机型的节能性判断，不能简单说因为采用了先导传感控制（正流量控制）这种流量控制方式，节能性就一定好。目前对三种流量控制节能效果的优劣，还不能作出对比的定论。

二、系统稳定性与响应性

对于液压系统的流量控制，可用图 2 – 36 来分析系统控制过程的特性。控制量（流量）达到目标值的时间（响应时间）越短，动态响应就快；控制过程中超调量（控制偏差）越小，稳定时间就短。响应快、稳定时间短，就表明控制的动态特性好。

系统稳定之后，流量的实际值与目标值之差就是稳态偏差。稳态偏差小，表明静态特性好，即系统稳定性好。

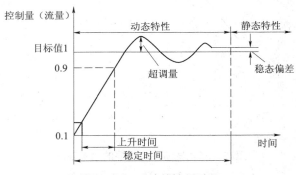

图 2 – 36　系统的控制过程

从流量特性来看，在旁通流量控制（见图 2 – 37 （a））和先导传感控制（见图 2 – 37 （b））系统中，当操作手柄位于中位时，主泵有备用流量 Q_{P_0}，因此都比无 Q_{P_0} 的负荷传感控制（见图 2 – 37 （c））

的动态响应快。由于旁通流量控制的信号采集点位于主控阀的旁通油路末端，泵控滞后于阀控的延时较先导传感控制长一些，所以动态响应较慢。

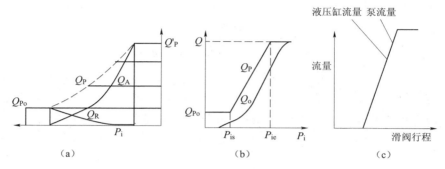

图 2-37 流量特性的比较

从泵控特性来看（见图 2-38），无论是旁通流量控制（见图 2-38（a）），还是先导传感控制（见图 2-38（b）），控制压力 P_i 与流量 Q 的关系曲线都是有坡度的，不像负荷传感控制中压差 ΔP_{LS} 与流量 Q 的关系曲线那样陡变（见图 2-38（c））。因此，旁通流量控制和先导传感控制的超调量比负荷传感控制小（见图 2-37），动态特性比负荷传感控制好。

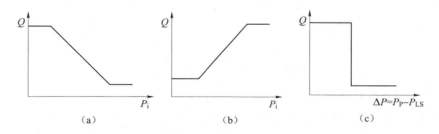

图 2-38 泵控特性的比较

一般的旁通流量控制和先导传感控制都是采用机液结构实现比例控制，由于存在机械惯性，不可避免地存在静态误差，最终也会影响系统的控制性能。在神钢的挖掘机上采用了电液比例技术加以改进，但是，这两种控制系统的主要问题是：都是一种开环控制，无法对执行元件负荷压力对流量的影响作出实时响应。

负荷传感控制系统具有较好的静态特性，是因为其对流量采用了闭环控制，如图 2-39 所示。当负荷 P_{LS} 增大，使发动机转速 n 下降时，主泵流量 Q 会减小，主控阀节流前的压力 P_P 随之减小。于是，压差 ΔP_{LS}（$= P_P - P_{LS}$）将减小。主泵的 LS 阀调大主泵排量 q，反之亦然，即使发动机转速下降或上升，泵流量 Q（$Q = n * q$）都相对稳定在目标值左右，流量 Q 的调节过程与发动机的转速无关。也就是说，对于外界干扰（负荷变动），因负荷传感反馈信号 ΔP_{LS} 的作用，负荷传感控制系统具有很好的稳定性，增大了系统的刚度。

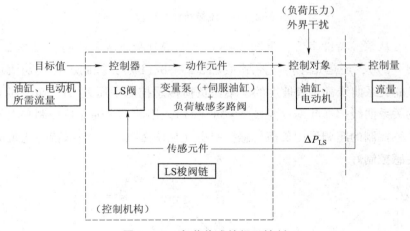

图 2-39　负荷传感的闭环控制

三、操作性能

1. 执行启动点

普通多路滑阀的静态特性表明，通过节流阀口的流量 Q_a 不仅与操作手柄先导阀的行程（二次先导油压 P_i）有关，还与节流口的压差 $\Delta P_{LS} = P_P - P_{LS}$ 有关，而且负荷压力越大，主控阀的调速范围越小。

旁通流量控制和先导传感控制的主控阀的阀芯，越过封油区进入调速区时受到轴向液动力的作用，而液动力与节流阀口压差有关，此压差随负荷压力的变换而改变，因此执行元件的启动点不固定，而是随负荷压力变动的，如图 2 – 40 所示。

负荷传感控制的主控阀因为有压力补偿阀，节流阀口前后的压差 ΔP_{LS} 是不变的，因此执行元件的启动点固定，不受负荷大小影响，操作性好。

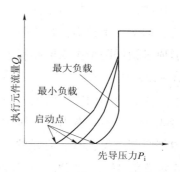

图 2 – 40　六通滑阀的流量特性

2. 操作者的手感

如图 2 – 41（a）所示，在旁通流量控制系统与先导传感控制系统中，主泵流量是在泵压升高后逐渐增加的，操作比较柔和。挖掘中碰到硬石头时，负荷压力增大，主控阀滑阀移动的阻力增大，先导手柄的输出压力随之变化，操作者有手感。

在负荷传感控制系统中，主控阀打开后 ΔP_{LS} 才会变小，泵压急剧升高（见图 2 – 41（b）），可操作性稍粗暴。由于主控阀节流口压差 ΔP_{LS} 恒定，故负荷压力的变化不会影响主阀芯的移动，操作者对土质的软硬没有手感。

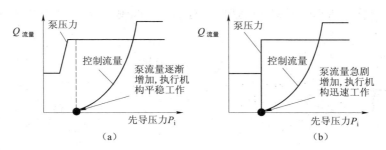

图 2 – 41　操作性比较

3. 直线行走能力

旁通流量控制系统与先导传感控制系统直线行走性能好，在复合操作时，通过直线行走阀串通左右行走电动机进油路，来实现直线行走，即使在单独操作行走时，虽然左右行走电动机分别由两主泵供油，但通过微调两个主泵的排量，可使左右行走电动机的进油流量差控制在±2%内。

对于双泵固定合流的负荷传感控制系统（如小松 PC－6），为改善直线行走性能，左右行走压力补偿阀用外部管路连通，而且在行走压力补偿阀内设置有节流元件 a 来确保行走转向性能，直线行走的左右流量差约4%。在 PC－8 系列的负荷传感控制系统上，采用了直行 PPC 信号阀，用左右行走先导压力差来开关直行合流阀，确保直线性能和转向性能俱佳。因此，三种流量控制系统的直线行走能力应当是不分伯仲的。

4. 复合操作的适应性

对于旁通流量控制和先导传感控制，在复合操作工作装置，例如斗杆和铲斗挖掘作业时（见图2－42（a）），主泵供油总是优先流向负荷压力较低的斗杆缸，不易保持操作的同步性，复合操作适应性差。

负荷传感控制系统有压力补偿阀，主控阀各阀芯节流阀口的压差 ΔP_{LS} 保持恒定。当两个以上的工作装置同时操作时，流量分配不受负荷压力影响，操作自如，复合操作性能好。以同时操作铲斗和斗杆为例，斗杆是否动作对铲斗的速度没有影响，如图2－42（b）所示。

图2－42　复合操作性的比较

5. 可靠性与可维修性

（1）旁通流量控制系统结构比较简单，维修也较方便，其故障点一般位于主阀中立回路的旁通节流元件、旁通溢流阀以及主泵上的流量控制伺服阀。

（2）先导传感控制系统的可维修性稍差，故障点一般位于先导传感梭阀链上众多的单向阀或往复阀、主泵上的流量控制伺服阀。

（3）负荷传感控制系统除了 LS 梭阀链和主泵的 LS 阀外，主控阀和压力补偿阀结构复杂，滑阀内孔还有阀，量孔和油沟多，密封件多，增加了故障点，对液压油的清洁度要求更高。

应当说，三种控制方式的可靠性、可维修性都经过了多年的生产性验证，也得到了市场的认可。但是，负荷传感控制的制造成本和维护成本还是要高一些。

6. 定性比较

液压挖掘机制造厂商，在拟定液压系统的设计方案、确定流量控制方式时，会从整机的性价比出发，既有对三种控制方式性能指标的综合评价，也有对成本因素和销售价格的竞争分析。表 2 - 2 列出了三种流量控制方式的性能比较。

表 2 - 2 三种流量控制方式的性能比较

控制方式	旁通流量控制	先导传感控制	负荷传感控制
节能	○	○	○
系统动特性	○	◎	△
系统静特性	○	○	◎
执行启动点	○	○	◎
直线行走能力	○	○	○
操作者手感	◎	◎	○
复合操作适应性	○	○	○
可靠性	◎	○	△
可维修性	◎	○	△
注：◎优良　○较好　△一般			

第三章　工程机械电液控制新技术

3.1 工程机械电液控制技术概述

电液比例阀是阀内比例电磁铁根据输入的电压信号产生相应动作，使工作阀阀芯产生位移、阀口尺寸发生改变并以此完成与输入电压成比例的压力、流量输出的元件。阀芯位移也可以以机械、液压或电的形式进行反馈。由于电液比例阀具有形式种类多样、容易组成使用电气及计算机控制的各种电液系统、控制精度高、安装使用灵活以及抗污染能力强等多方面优点，因此应用领域日益拓宽。近年研发生产的插装式比例阀和比例多路阀充分考虑到工程机械的使用特点，具有先导控制、负载传感和压力补偿等功能。它的出现对移动式液压机械整体技术水平的提升具有重要意义，特别是在电控先导操作、无线遥控和有线遥控操作等方面展现了其良好的应用前景。

一、工程机械电液比例阀的种类和形式

电液比例阀包括比例流量阀、比例压力阀、比例换向阀。根据工程机械液压操作的特点，以结构形式划分电液比例阀主要有两类：一类是螺旋插装式比例阀，另一类是滑阀式比例阀。螺旋插装式比例阀是通过螺纹将电磁比例插装件固定在油路集成块上的元件，螺旋插装阀具有应用灵活、节省管路和成本低廉等特点，近年来在工程机械上的应用越来越广泛。常用的螺旋插装式比例阀有二通、三通、四通和多通等形式，二通式比例阀主要是比例节流阀，它常与其他元件一起

65

构成复合阀，对流量、压力进行控制；三通式比例阀主要是比例减压阀，也是移动式机械液压系统中应用较多的比例阀，它主要是对液动操作多路阀的先导油路进行操作。利用三通式比例减压阀可以代替传统的手动减压式先导阀，它比手动的先导阀具有更多的灵活性和更高的控制精度；可以制成比例伺服控制手动多路阀，根据不同的输入信号，减压阀可使输出活塞具有不同的压力或流量，进而对多路阀阀芯的位移进行比例控制。四通或多通的螺旋插装式比例阀可以对工作装置进行单独的控制。

滑阀式比例阀又称分配阀，是移动式机械液压系统最基本的元件之一，是能实现方向与流量调节的复合阀。电液滑阀式比例多路阀是比较理想的电液转换控制元件，它不仅保留了手动多路阀的基本功能，还增加了位置电反馈的比例伺服操作和负载传感等先进的控制手段，是工程机械分配阀的更新换代产品。出于制造成本的考虑和工程机械控制精度要求不高的特点，一般比例多路阀内不配置位移感应传感器，也不具有电子检测和纠错功能。所以，阀芯位移量容易受负载变化引起的压力波动的影响，操作过程中要靠视觉观察来保证作业的完成。在电控、遥控操作时更应注意外界干涉的影响。近年来，由于电子技术的发展，人们越来越多地采用内装的差动变压器等位移传感器构成阀芯位置移动的检测，实现阀芯位移闭环控制。这种由电磁比例阀、位置反馈传感器、驱动放大器和其他电子电路组成的高度集成的比例阀，具有一定的校正功能，可以有效地克服一般比例阀的缺点，使控制精度得到较大提高。

二、电液比例多路阀的负载传感与压力补偿技术

为了节约能量、降低油温和提高控制精度，同时也使同步动作的几个执行元件在运动时互不干扰，现在较先进的工程机械都采用了负载传感与压力补偿技术。负载传感与压力补偿是一个很相似的概念，都是利用负载变化引起的压力变化去调节泵或阀的压力与流量，以适应系统的工作需求。负载传感对定量泵系统来讲是将负载压力通过负载感应油路引至远程调压的溢流阀上，当负载较小时，溢流阀调定压力也较小；当负载较大时，调定压力也较大，但始终存在一定的溢流损失。对于变量泵系统是将负载传感油路引入到泵的变量机构，使泵的输出压力随负载压力的升高而升高（始终为较小的固定压差），并使泵的输出流量与系统的实际需要流量相等，无溢流损失，实现了节能。

压力补偿是为了提高阀的控制性能而采取的一种保证措施。将阀口后的负载压力引入压力补偿阀，压力补偿阀对阀口前的压力进行调整，使阀口前、后的压差为常值，这样根据节流口的流量调节特性流经阀口的流量大小就只与该阀口的开度有关，而不受负载压力的影响。

三、工程机械电液比例阀的先导控制与遥控

电液比例阀和其他专用器件的技术进步使工程车辆挡位、转向、制动和工作装置等各种系统的电气控制成为现实。对于一般需要位移输出的机构可采用类似于比例伺服控制手动多路阀驱动器完成。电气操作具有响应快、布线灵活、可实现集成控制和与计算机接口容易等优点，所以现代工程机械液压阀已越来越多地采用电控先导控制的电液比例阀（或电液开关阀）或液压先导控制的多路阀代替手动直接操作。采用电液比例阀（或电液开关阀）的另一个显著优点是在工程车辆上可以大大减少操作手柄的个数，这不但使驾驶室布置简洁，而且能够有效降低操作复杂性，对提高作业质量和效率都具有重要的实际意义。利用一个摇杆就可以对多片电液比例阀和开关阀进行有效控制，该摇杆在 X 轴和 Y 轴方向都可以实现比例控制或开关控制，应用十分方便。

随着数字式无线通信技术的迅速发展，出现了性能稳定、工作可靠、适用于工程机械的无线遥控系统，布置在移动机械上的遥控接收装置可以将接收到的无线电信号转换为控制电液比例阀的比例信号和控制电液开关阀的开关信号，以及控制其他装置的相应信号，使原来

手动操作的各个元件都能接受遥控电信号的指令并进行相应动作，此时的工程机械实际上已成为遥控型的工程机械。

无线遥控发射与接收系统已成功地应用于多种工程机械的遥控改造。从安全角度考虑，它发射的每条数字数据指令都具有一组特别的系统地址码，这种地址码厂家只使用一次。每个接收机只对有相同地址码的发射信号有反应，其他无线信号即使是同频率信号也不会对接收装置产生影响。加上其他安全措施的采用，使系统的可靠性得到了充分的保障，在装载机、凿岩机、混凝土泵车、高空作业车和桥梁检修车等多种移动式机械的遥控改造中获得成功。工业遥控装置与电液比例阀相得益彰，电液比例阀为工程机械的遥控化提供了可行的接口，遥控装置又使电液比例阀得以发挥更大的作用。

四、电液比例阀在工程机械上应用实例

某型汽车起重机的液压系统简图，图中仅画出了与电液比例阀有关的部分。该机采用了 3 片 TECNORDTDV – 4/3LM – LS/PC 型比例多路阀，负载传感油路中的 3 个梭阀将 3 个工作负载中的最大压力选出来送至远程调压溢流阀的远控口，调整溢流阀的溢流压力，使液压泵的输出压力恰好符合系统负载的需要即可，从而达到一定的节能目的。压力补偿油路使得通过每一片阀的流量仅与该阀的开度有关，而与其所承受的负载无关，与其他阀片所承受的负载也没有关系，从而达到在任一负载下均可随意控制负载速度的目的。

某推土机推土铲手动与电液比例先导控制实例：当二位三通电磁阀不通电时，先导压力与手动减压式先导阀相通，梭阀选择来自手动先导阀的压力对液动换向阀进行控制；当二位三通电磁阀通电时，先导控制压力油通向三通比例减压式先导阀，通过梭阀对液动换向阀进行控制。

五、电液控制技术与机电一体化的关系

机电一体化是指在机械结构的主功能、动力功能、信息处理功能和控制功能上引进电子技术，将机械装置与电子化设计及其软件结合起来所构成的系统的总称。随着微电子技术、自动控制技术等逐渐被引入到传统的机械技术中，当今由机电一体化集成系统构成的新型机械正在兴起，其可以在一定程度上提高传统的机械电器产品的性能、功能等，为企业带来巨大的经济效益。汽车起重机作为工程机械类的代表，在许多方面都运用了机电一体化技术，其电控系统就是机电一体化的产物。具体到伸缩系统中，系统电液比例控制的关键——比例控制放大器和比例换向阀都与机电一体化紧密相关。比例控制放大器可与微机和可编程控制器连接，或受微机和可编程控制器控制，用其遥控比例放大器。比例控制放大器还可以和传感器、测量放大电路及液压元器件一体化，高度集成以提高性价比，这更体现了其与机电一体化的密切联系。电液比例换向阀中包含比例电磁铁，而比例电磁铁是电子技术与液压技术的连接环节，因此，比例换向阀更是将机、电、液三者有机联系在一起的重要元器件。

机电一体化技术涉及了机械技术、系统技术、计算机与信息技术、自动控制技术、传感检测技术、伺服传动技术六项技术。汽车起重机涉及的机电一体化技术有机械技术、系统技术、自动控制技术、传感检测技术、伺服传动技术。其中伸缩回路系统基本涉及了所有汽车起重机应用的机电一体化技术。

3.2　工程机械液压比例控制技术

一、比例控制技术

作为开关控制技术和闭环调节（伺服）技术之间的连接纽带，比例控制技术在现今的液压技术中已有其明确的含义。

比例控制技术的优点：首先在于其转换过程是可控的，设定值可无级调节，达到一定控制要求所需的液压元件较少；其次降低了液压回路的材料消耗。

使用比例阀可方便、迅速、精确地实现工作循环过程，满足切换过程要求。通过控制切换过渡过程，可避免尖峰压力，延长机械和液压元件的寿命。

用来控制方向、流量和压力的电信号，通过比例器件直接加给执行器，这样可使液压控制系统的动态性能得到改善。

那么，如何理解液压技术中比例技术的含义呢？首先用图 3 - 1 的信号流程图来加以说明。根据一个输入电信号电压值的大小，通过电放大器，将该输入电压信号（一般为 0 ~ ±9 V）转换成相应的电流信号，如 10 mV = 1 mA。

图 3 - 1　信号流程图

这个电流信号作为输入量被送入电磁铁，从而产生和输入信号成比例的输出量——力或位移。该力或位移又作为输入量加给液压阀，后者产生一个与前者成比例的压力或流量。通过这样的转换，一个输入电压信号的变化不但能控制执行器和机械设备上工作部件的运动方向，而且可对其作用力和运动速度进行无级调节。另外，还能对相应的时间过程，例如在一段时间内流量的变化、加速度的变化或减速度的变化等进行无级调节。

二、比例阀

1. 比例电磁铁

比例电磁铁是电子技术与液压技术的连接环节。比例电磁铁是一种直流行程式电磁铁，它产生一个与输入量（电流）成比例的输出量，即力和位移。

按实际使用情况，电磁铁可分为：

（1）行程调节型电磁铁——具有模拟量形式的位移电流特性。

（2）力调节型电磁铁——具有特定的力电流特性。电磁铁能产生与输入电流成比例变化的输出位移和力。

1）力调节型电磁铁

在力调节型电磁铁中，由于在电子放大器中设置电流反馈环节，在电流设定值恒定不变而磁阻变化时，可使磁通量不变进而使电磁力保持不变，如图 3 - 2 所示。

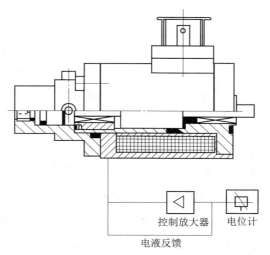

控制放大器　电位计

电液反馈

图 3 - 2　力调节型电磁铁

力调节型电磁铁可用于比例方向阀和比例压力阀的先导级，将电磁力转换为液压力。

2）行程调节型电磁铁

在行程调节型电磁铁中，如图 3 - 3 所示，衔铁的位置由一个闭环调节回路进行调节，只要电磁铁在其允许的工作区域内工作，其衔铁位置就保持不变，而与所受反力无关。使用行程调节型比例电磁铁，能够直接推动诸如比例方向阀、流量阀及压力阀的阀芯，并将其控制在任意位置上。电磁铁的行程，因其规格而异，一般为 3 ~ 5 mm。这种电磁铁主要用来控制直接作用式四通比例方向阀。

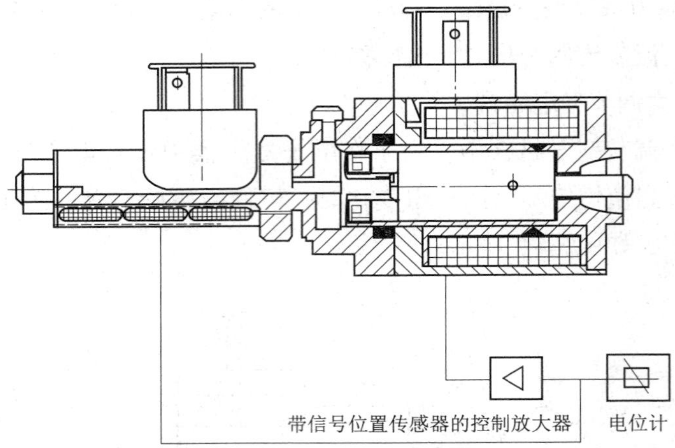

带信号位置传感器的控制放大器　　电位计

图 3 - 3　行程调节型电磁铁

2. 比例方向阀

比例方向阀，用来控制液流的流动方向和流量的大小。

1）直控式比例方向阀

下面讨论的是与这类阀有关的、比例方向阀的一些通用性能，如滞环、重复精度、控制阀芯、控制阀芯的基本特性曲线等。

和开关式方向阀的结构布置一样，在直控式比例方向阀中，比例电磁铁也是直接推动控制阀芯的。阀的基本组成部分有：阀体，一个或两个具有模拟量位移—电流特性的比例电磁铁，在图 3 - 4 所示结构中，电磁铁还带有电感式位移传感器、控制阀芯和一至两只复位弹簧。在电磁铁不工作时，控制阀芯由复位弹簧保持在中位，由电磁铁直接驱动阀芯运动。

如图 3 - 4 所示，阀芯处在图示位置时，P、A、B 和 T 之间互相不通。如果电磁铁 A（左）通电，阀芯向右移动，则 P 与 B、A 与 T 分别相通。由控制器来的控制信号越大，控制阀芯向右的位移也越大。也就是说，阀芯的行程与电信号成比例。行程越大，则阀口通流面积和流过的流量也越大。图 3 - 4 中左边的电磁铁配有电感式位移传感器，

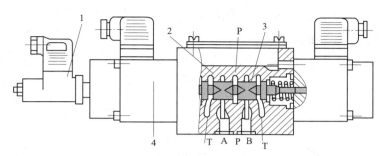

图 3 – 4　阀芯中位工作位置

1—位移传感器；2—阀体；3—阀芯；4—比例电磁铁

它检测出阀芯的实际位置，并把与阀芯行程成比例的电信号（电压）反馈至电放大器。由于位移传感器的量程按两倍阀芯行程设计，所以能检测阀芯在两个方向上的位置。在放大器中，实际值（控制阀芯的实际位移）与设定值进行比较，检测出两者的差值后，以相应的电信号传输给对应的电磁铁，对实际值进行修正，构成位置反馈闭环。

比例阀的两个重要性能指标如图 3 – 5 所示。

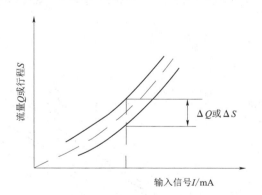

图 3 – 5　比例阀的两个重要性能指标

（1）滞环。

一般表明一个状态和前一个状态的关系。在电信号从零到最大，再从最大返回到零的往返扫描过程中，阀芯与电信号成比例地确定位置。同一输出设定值上，往返扫描所得输出量的偏差，称为滞环或滞环误差。

（2）重复精度。

重复精度是指在重复调节同一输入信号时，输出信号所出现的差值。对于控制阀芯来说，就是重复调节同一输入信号为相同设定值时，得到一个位置（流量、压力）偏差，称为重复精度。

（3）控制阀芯的结构。

图3-4表明，比例阀控制阀芯与普通方向阀阀芯不同，它的薄刃型节流断面呈三角形。用这种阀芯形式，可得到一条递增式流量特性曲线。

阀芯的三角棱边和阀套的控制棱边，在阀芯移动过程中的任何位置上，总是保持相互接触。这表明，它的过流断面总是一个可确定的三角形。也就是说，不存在像常规方向阀（开关型控制阀）中那样的情况：阀芯阀套两个棱边之间，先存在一个"空行程"，再进入相互接触，或者在阀口打开时完全脱离。

（4）流量特性。

150 L/min公称流量的比例方向阀的流量特性曲线如图3-6所示。

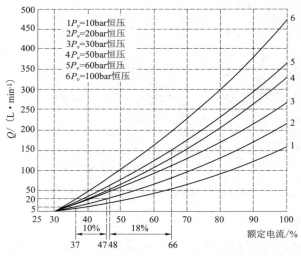

图3-6　150 L/min公称流量的比例方向阀的流量特性曲线

2）先导式比例方向阀

直动型比例方向阀因受比例电磁铁电磁力的限制，只能用于小流量系统，在大流量系统中，过大的液动力将使阀不能开启或不能完全开启，故常使用先导式比例方向阀。先导式比例方向阀结构如图3-7所示，由直动型比例方向阀与比例被动主阀叠加而成，其工作原理与电液动方向阀相同。

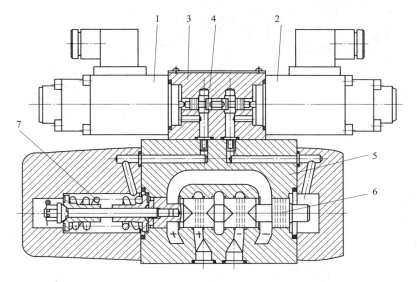

图3-7 先导式比例方向阀

1，2—比例电磁铁；3—先导阀；4—控制阀芯；

5—主阀；6—主阀芯；7—弹簧

3．比例压力阀

比例压力阀用来实现压力遥控，压力的升降可通过电信号随时加以改变。

1）直动式比例溢流阀

直动式比例溢流阀的结构及工作原理如图3-8所示。直动式压力阀的结构与普通压力阀的先导阀相似，所不同的是阀的调压弹簧换为

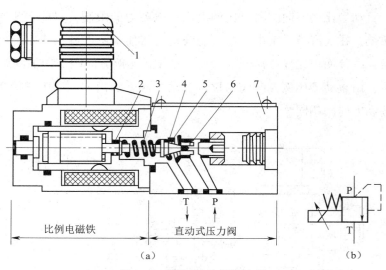

图 3－8　直动式比例溢流阀

（a）结构图；（b）图形符号

1—插头；2—衔铁推杆；3—传力弹簧；4—锥阀芯；

5—防震弹簧；6—阀座；7—阀体

传力弹簧，手动调节螺钉部分换装为比例电磁铁。

2）先导式比例溢流阀

用比例电磁铁取代先导式溢流阀的调压手柄，便成为先导式比例溢流阀，如图 3－9 所示。先导式比例溢流阀下部与普通溢流阀的主阀相同，上部则为比例先导压力阀。该阀还附有一个手动调整的安全阀（手调限压阀），它也起先导阀作用，与主阀一起构成一个传统的溢流阀，用以限制比例溢流阀的最高压力。

3）先导式比例减压阀

先导型比例减压阀与先导型比例溢流阀的工作原理基本相同，它们的先导阀完全一样，不同的只是主阀级，溢流阀采用常闭式锥阀，减压阀采用常开式滑阀，如图 3－10 所示。

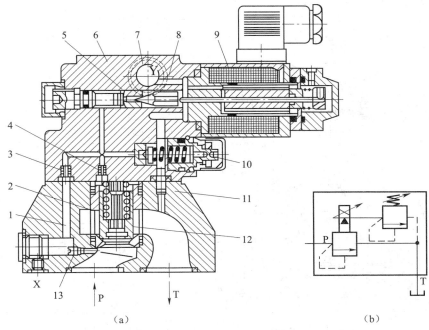

（a）　　　　　　　　　　　　　　　　（b）

图 3 - 9　先导式比例溢流阀

（a）结构图；（b）图形符号

1—先导油流道；2—主阀弹簧；3，4—节流孔；5—先导阀座；

6—先导阀；7—外泄口；8—先导阀芯；9—比例电磁铁；10—手调限压阀；

11—主阀级；12—主阀芯；13—内部先导油口螺塞

三、比例控制回路

1. 比例溢流阀调压回路

在比例调压回路中，最常见的是采用比例溢流阀来进行调压，它可以通过改变输入比例电磁铁的电流，在额定值内任意设定系统压力，适用于多级调压系统。图 3 - 11 所示为采用直动式比例溢流阀的调压回路。为了保证安全，比例溢流阀调压回路通常都要加入限压的安全阀。图 3 - 11 （a）适用于流量小的情况，图 3 - 11 （b）适用于流量大的情况。

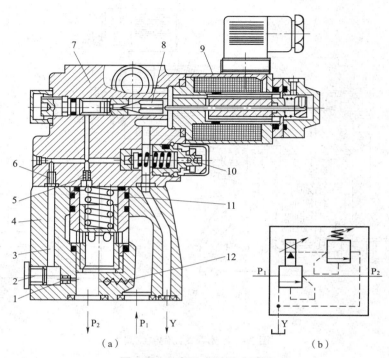

图 3 – 10　先导式比例减压阀

（a）结构图；（b）图形符号

1、3、5、6—先导油流；2—压力表接头；

4—主阀；7—先导阀；8—先导阀芯；9—比例电磁铁；

10—限压阀；11—主阀芯组件；12—单向阀

2. 比例减压回路

在单泵供油的液压系统中，当某个支路所需的工作压力低于溢流阀的设定值，或要求支路有可调的稳定的低压力时，就要采用减压回路。图 3 – 12 所示为采用比例减压阀的基本回路。如图 3 – 12 （a）所示，在二级压力过高时，油液可以经三通减压阀的另一主通道直接回油箱。三通比例减压阀控制压力上升或下降的时间基本相同，可用于活塞双向运动时保持恒定控制，如图 3 – 12 （b）所示。

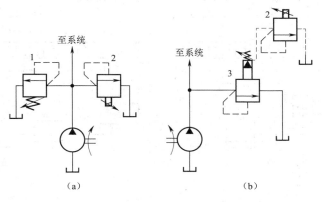

图 3 – 11 采用直动式比例溢流阀的调压回路

1—安全阀；2—直动式比例溢流阀；3—先导式溢流阀

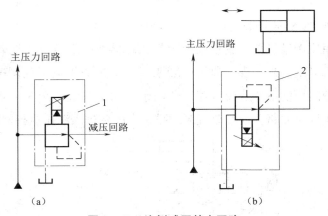

图 3 – 12 比例减压基本回路

3．比例节流调速

采用定量泵供油，利用比例节流阀、比例调速阀、比例方向阀等作为节流元件，如图 3 – 13 所示。通过改变节流口的通流面积和控制节流口前后压差的方法，改变进入执行器的流量来调速。根据节流元件在回路中的位置又分为四种形式：进口节流、出口节流、旁路节流和联合节流。由于节流损失会引起发热等，故只适用于功率较小的场合。

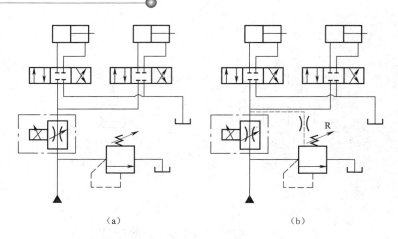

图 3 – 13　比例节流调速回路

（a）进口节流回路；（b）带压力补偿的回路

4．比例容积调速

采用比例排量调节变量泵与定量执行器，或定量泵与比例排量调节电动机等组合来实现。通过改变泵或电动机的排量实现调速，效率高，但控制精度不如节流调速，适用于大功率系统。图 3 – 14 所示为比例容积调速回路，通过改变泵的排量来改变进入液压执行器的流量。

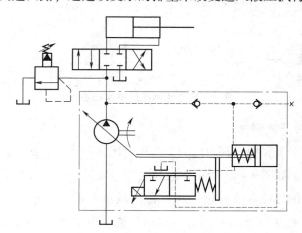

图 3 – 14　比例容积调速回路

3.3　基于阀芯压差反馈的电液控制技术

对于单执行机构或负载差异不大的多执行机构，采用比例阀构建速度比例控制系统，基本可以实现较好的速度比例控制特性。但是对于负载差异较大的多执行机构，单纯采用比例阀构建的速度比例控制系统，其性能并不能满足使用要求，原因在于，相差较大的多个负载之间存在干涉，导致共用油源的并联液压系统之间存在压力干涉，从而破坏各路执行元件的速度比例控制特性。

为了解决多执行机构负载差异导致的速度控制问题，需要对负载差异进行补偿控制。目前常用的阀前补偿技术、阀后补偿技术、电气补偿技术都属于此技术路线。下面以起重机为例，构建基于阀芯压差反馈的起重机执行机构电液控制系统。

一、工程起重机执行机构电液控制系统

起重机一般包括三大部分：上车系统、底盘系统和臂架系统。起重机上车系统是一个基本平台，一般布置有动力系统、液压油源系统、驾驶操作系统、散热系统等；底盘系统包括行走驱动系统、转向系统、制动系统和支腿系统等；臂架系统是完成预定功能的主要装置，是起重机的工作装置。

图 3-15 所示为汽车起重机的总体结构，其中，箱型伸缩臂架具有伸缩、变幅和卷扬等功能。

对于应用最为广泛的伸缩臂起重机，其臂架具有伸缩、变幅和卷扬等功能，臂架的伸缩和变幅动作由液压缸驱动，卷扬由液压电动机驱动。臂架工作时，伸缩油缸驱动臂架进行伸缩、变幅油缸驱动臂架进行变幅、卷扬电动机驱动吊钩进行升降，如图 3-16 所示。

液压缸与液压电动机的速度和方向由比例阀控制，为了增加臂架动作的平稳性和安全性，在液压缸和液压电动机上加装了平衡阀。

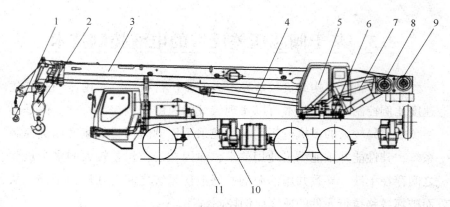

图 3 – 15 汽车起重机的总体结构

1—副钩；2—主钩；3—主臂；4—变幅缸；5—上车操纵室；

6—回转支撑；7—转台；8—副卷扬；9—主卷扬；

10—支腿；11—底盘

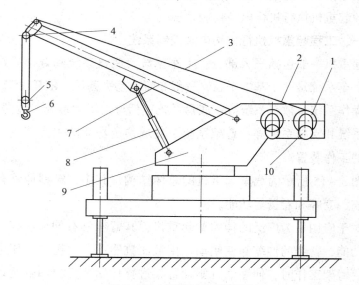

图 3 – 16 臂架工作示意图

1—主卷扬减速机；2—副卷扬减速机；3—钢丝绳；4—定滑轮组；

5—动滑轮组；6—吊钩；7—主臂；8—变幅油缸；

9—转台；10—液压电动机

在起重机工作过程中，负载压力和油源压力都不是固定的，对于操作手期望的油缸速度和电动机转速，需要存在一个最佳的主控制阀开度与平衡阀开启压力相配合。目前，国内起重机的主控制阀普遍采用滑阀式比例方向阀进行控制，由于比例方向阀的 A、B 口由同一根阀杆控制，故其开度是相对固定的。油缸或电动机在驱动负载工作时存在启动和制动不平稳状况，详细说明如下：

启动过程：在比例阀开始打开并驱动油缸或电动机动作时，负载的大小影响着比例阀开度的启动点，即使比例阀本身已经打开了一个物理开口试图驱动油缸或电动机，但由于负载的作用使比例阀并不产生流量，此时是一个没有流量、建立压力的过程，如图 3－17 所示。

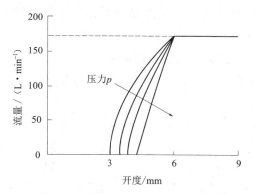

图 3－17　启动过程流量

但是由于比例阀的驱动油口和回油口是由一根阀芯控制的，二者往往同时打开物理开口，在驱动开口建立压力的时候，回油口已经失去了背压作用，执行机构可能产生非预期的动作，特别是在负负载工况，执行机构可能产生剧烈抖动。这种现象的本质是驱动口与回油口没有同步，即使在比例阀的物理开口上做到了同步，但负载的作用使驱动开口的启动点偏移了。

制动过程：起重机臂架是大惯性负载，制动过程的平顺性不但关系到操控性，还关系到整车稳定性、结构件寿命和吊装作业质量。驱动口的开度和回油口的开度都会影响制动的平顺性，其中，驱动口的开度减小导致驱动力减小，回油口的开度减小导致制动力增加，由于二者是由一根阀芯控制的，故二者往往同步关小物理开口，这时驱动力和制动力同时起作用，是不合理的。理想的制动过程应该是首先关小驱动口并保持回油口不变，再根据回油压力逐步关小回油口。回油压力要有限制，如果回油压力过高，会导致制动腔压力冲击、驱动腔吸空、系统出现振动和噪声等。

现有的比例阀的开度基本不能与负载相适应，导致臂架的伸缩、变幅与卷扬动作的平顺性和节能性不好，动作不够精细，这是国产起重机与国外高性能起重机在臂架控制方面的主要差距。针对上述问题，本书提出一种新型的电液系统控制方案，主控制阀的 A、B 油口实现独立的电气控制，提高了臂架的可控性和平顺性。

二、起重机臂架系统的新型控制方案

起重机的主控制阀采用滑阀式比例方向多路阀组，其液压原理如图 3 - 18 所示。

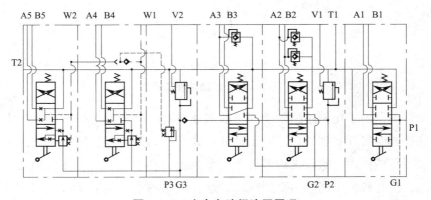

图 3 - 18 上车多路阀液压原理

多路阀组从左到右分别控制主卷扬电动机、副卷扬电动机、变幅油缸、伸缩油缸和回转电动机，除回转电动机外，其余执行机构均为重力负载工况，需要在重力的一侧设置平衡阀。

根据滑阀的结构可知，每一片阀的 A、B 油口的开度都由同一根阀芯的行程决定，不能单独进行控制，这就导致在油缸或电动机的工作过程中平衡阀不能适时开闭，影响执行机构的动作平顺性和节能性。

本书针对此问题提出了一种全新的电液控制方案：采用开关阀组代替原来的比例阀组，在开关阀组的每个 A、B 口串接一个电比例节流阀，通过合适的控制程序对电比例节流阀进行实时计算和控制，实现 A、B 油路液阻的分别控制和最优匹配。

从控制的角度看，两个卷扬电动机的控制条件是相同的，伸缩油缸和变幅油缸的控制条件也是相同的，所以下面分别阐述油缸与电动机的控制结构和控制方法。

三、起重机液压油缸的新型控制方案

1．油缸伸长控制方案

油缸伸长的液压原理如图 3 – 19 所示。

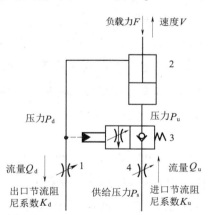

图 3 – 19　油缸伸长的液压原理

1，4—节流阀；2—液压缸；3—平衡阀

油缸的伸长速度 V 由供给压力 P_s、负载力 F、进口节流阻尼系数 K_u 和出口节流阻尼系数 K_d 共同决定。

当油缸伸长时，不需要平衡阀工作。为了防止平衡阀工作，需要

通过控制出口节流阻尼系数 K_d 使出口节流的压力 P_d 小于平衡阀的开启压力 P_*，由图 3-19 可得：

$$Q_u = A_u V \tag{3-1}$$

$$Q_d = A_d V \tag{3-2}$$

$$Q_u = K_u \sqrt{P_s - P_u} \tag{3-3}$$

$$Q_d = K_d \sqrt{P_d} \tag{3-4}$$

$$A_u P_u = F + A_d P_d \tag{3-5}$$

由式（3-1）~式（3-5）可得：

$$Q_u = K_{eu} \sqrt{P_s - \frac{F}{A_u}} \tag{3-6}$$

其中：

$$\frac{1}{K_{eu}{}^2} = \frac{1}{K_u{}^2} + \frac{1}{\left[(A_u / A_d)^{\frac{3}{2}} K_d \right]^2}$$

式中 A_u——无杆腔有效面积；

A_d——有杆腔有效面积。

油缸的速度 V 可以通过式（3-1）中的流量 Q_u 来控制，流量 Q_u 可以通过控制式（3-6）中的进口节流阻尼系数 K_u 和出口节流阻尼系数 K_d 来控制，出口节流阻尼系数可以通过式（3-2）和式（3-4）求得：

$$K_d = \frac{V A_d}{\sqrt{P_d}} \tag{3-7}$$

因此，控制出口节流阻尼系数 K_d 时，可根据油缸速度对应的操作手柄倾角 V_o 和压力传感器测出的油源压力 P_d，通过控制器计算出式（3-7）中的出口节流阻尼系数 K_d，以此控制比例阀的开度。

但是，在油缸未动作时，不能通过压力传感器检测出口节流压力，所以必须指定出口节流的阻尼系数 K_d。如前面所述，为了不让平衡阀工作，出口节流压力 P_d 必须低于平衡阀的开启压力 P_*，设定为 P_{do}，则进口节流阻尼系数由式（3-1）和式（3-3）可得：

$$K_u = \frac{VA_u}{\sqrt{P_s - P_u}} \qquad (3-8)$$

因此，控制进口节流阻尼系数需要与油缸速度对应的操作手柄倾角 V_o、压力传感器检测的供给压力 P_s、进口节流压力 P_u，通过控制器计算出进口节流阻尼系数，并以此信号控制比例阀开度。

但是油缸未伸出之前不能通过压力传感器检测进口节流压力，所以必须指定进口节流的阻尼系数 K_u，根据式（3-5），油缸开始伸出之前的进口节流压力 P_u 使用负载压力 P_L 加上出口节流压力 P_d 与面积比之积所得的和即可，即：

$$P_u = P_L + \frac{A_d}{A_u}P_d \qquad (3-9)$$

其中：$P_L = \dfrac{F}{A_u}$。

负载压力 P_L 是进口节流阀和出口节流阀处于关闭状态时压力传感器检测出的进口节流压力，此时，压力 $P_d = P_{do}$。

油缸未伸出之前，液压装置处于非工作状态，进口节流的压力 P_u 为大气压力，负载压力 P_L 未知。此时，进口节流压力设定比实际压力稍低，进口节流阻尼系数设定的稍小，液压缸工作后产生负载。因为实际进口节流压力设定值为检测到的进口节流阻尼系数，所以对油缸的工作不会有太大影响。以上控制过程如图 3-20 所示。

2．油缸收缩控制方案

油缸的收缩速度 V 由供给压力 P_s、负载力 F、进口节流阻尼系数 K_d 和出口节流阻尼系数 K_u 共同决定。

当油缸收缩时，为了使平衡阀打开，需要通过控制进口节流阻尼系数 K_d 使进口节流的压力 P_d 高于平衡阀的开启压力 P_*，由图 3-21 可得：

$$Q_d = K_d \sqrt{P_s - P_d} \qquad (3-10)$$

87

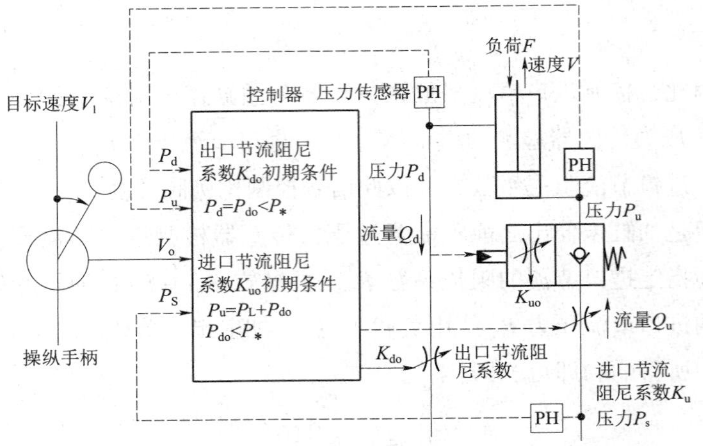

图 3-20 油缸伸长工作简图

$$Q_u = K_u \sqrt{P_u} \qquad (3-11)$$

$$A_u P_u = F + A_d P_d \qquad (3-12)$$

由式（3-1）、式（3-2）、式（3-10）~式（3-12）可得：

$$Q_d = K_{ed} \sqrt{P_s + \frac{F}{A_d}} \qquad (3-13)$$

其中：$\dfrac{1}{K_{ed}^2} = \dfrac{1}{K_d^2} + \dfrac{1}{\left[(A_d/A_u)^{\frac{3}{2}} K_u \right]^2}$。

油缸的速度 V 可以通过流量 Q_d 来控制，流量 Q_d 可以通过控制进口节流阻尼系数 K_d 和出口节流阻尼系数 K_u 来控制，进口节流阻尼系数可以通过式（3-2）和式（3-10）求得，即

$$K_d = \frac{V A_d}{\sqrt{P_s - P_d}} \qquad (3-14)$$

因此，控制进口节流阻尼系数 K_d 时，可根据油缸速度对应的操作手柄的倾角 V_o 与压力传感器测出的油源压力 P_s 和进口节流压力 P_d，通过控制器计算出式（3-14）中的进口节流阻尼系数 K_d，以此控制比例阀的开度。

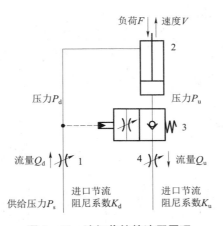

图 3-21　油缸收缩的液压原理

1，4—节流阀；2—液压缸；3—平衡阀

但是，在油缸未动作时，不能通过压力传感器检测进口节流压力 P_d，所以必须指定出口节流的阻尼系数 K_d。如前面所述，为了让平衡阀工作，压力 P_d 必须高于平衡阀的开启压力 P_*，设定为 P_{do}，则出口节流阻尼系数由式（3-1）和式（3-11）可得：

$$K_u = \frac{VA_u}{\sqrt{P_u}}$$

因此，控制出口节流阻尼系数 K_u 需要与油缸速度对应的操作手柄的倾角 V_o、压力传感器检测出来的出口节流压力 P_u，通过控制器计算出口节流阻尼系数 K_u，并以此信号控制比例阀开度。

但是油缸未收缩之前不能通过压力传感器检测出口节流压力，所以必须指定进口节流的阻尼系数 K_u，根据式（3-12），油缸开始收缩之前的出口节流压力 P_u 使用负载压力 P_L 加上进口节流压力 P_d 与面积比之积所得的和即可，即：

$$P_u = P_L + \frac{A_d}{A_u}P_d \tag{3-15}$$

其中：$P_L = \dfrac{F}{A_u}$。

负载压力 P_L 是进口节流阀和出口节流阀处于关闭状态时压力传感器检测出的出口节流压力，此时，压力 $P_d = P_{do}$。以上控制过程如图3 – 22 所示。

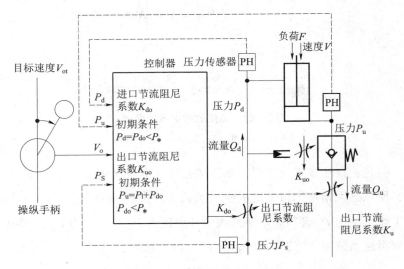

图 3 – 22　油缸缩回工作简图

四、起重机液压电动机的新型控制方案

1. 卷扬上升控制方案

如图 3 – 23 所示，卷扬上升时转速是由供给压力 P_s、负荷力矩 T、进口节流阀阻尼系数 K_u、出口节流阀的阻尼系数 K_d 共同决定的。

卷扬上升时，为避免平衡阀工作，必须通过调节出口节流阀的阻尼系数 K_d 来控制，使出口节流压力 P_d 低于平衡阀的开启压力 P_*。

由图 3 – 23 可得：

$$Q = nD_M \qquad\qquad (3 – 16)$$

$$Q = K_u \sqrt{P_s - P_u} \qquad\qquad (3 – 17)$$

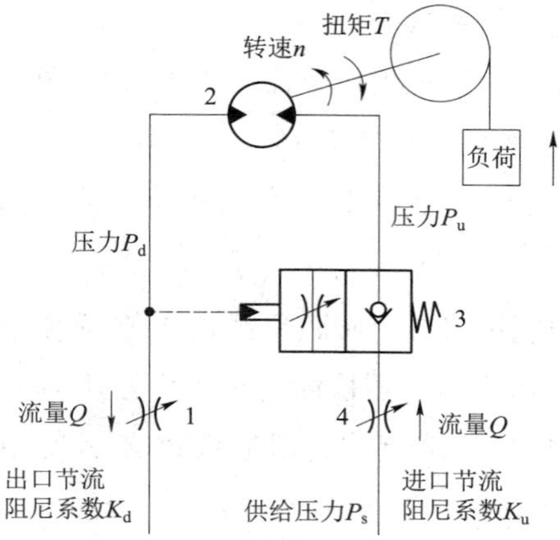

图 3 - 23　卷扬上升的液压原理

1，4—节流阀；2—液压马达；3—平衡阀

$$Q = K_d \sqrt{P_d} \tag{3-18}$$

$$P_u D_M = T + P_d D_M \tag{3-19}$$

由式（3-16）~式（3-19）可得流量 Q 为

$$Q = K_e \sqrt{P_s - (T/D_M)} \tag{3-20}$$

其中：
$$1/K_e^2 = 1/K_u^2 + 1/K_d^2$$

可通过式（3-16）控制流量来控制液压马达的转速 n。

由式（3-20）得流量 Q，其可通过控制进口节流阀阻尼系数 K_u 以及出口节流系数 K_d 来控制。

由式（3-16）和式（3-18）可得出口节流阻尼系数：

$$K_d = n D_M / \sqrt{P_d} \tag{3-21}$$

因此，对于出口节流阻尼系数 K_d 的控制，可使用与电动机转速对应的手柄倾角 n_o、压力传感器检测出来的压力 P_d，用控制器演算出式（3-21）中出口节流阀的阻尼系数 K_d，然后使用此信号控制出口节流比例阀的开度。

但是卷扬开始上升之前出口节流压力 P_d 不能用传感器检测出来，

91

必须指定出口节流阻尼系数 K_d。

正如上面所述，为避免出口节流压力 P_d 使平衡阀工作，所以必须使压力 P_d 低于平衡阀的开启压力 P_*。

由式（3－16）和式（3－17）可得进口节流阻尼系数：

$$K_u = nD_M / \sqrt{P_s - P_u} \qquad (3-22)$$

因此，关于控制进口节流阀阻尼系数 K_u，应使用与电动机转速对应的手柄倾角 n_o、压力传感器检测出来的供给压力 P_s，通过控制器演算出式（3－21）中出口节流阀的阻尼系数 K_u，使用此信号控制出口节流阀的开度。

但是卷扬开始上升之前进口节流压力 P_u 不能通过传感器检测出来，必须指定进口节流阻尼系数 K_u。

由式（3－19）得：

$$P_u = T/D_M + P_d$$

所以卷扬开始上升之前进口节流的压力 P_u 指定为负荷压力 $P_L = T/D_M$ 及出口节流的压力 P_d 之和较好。

上述控制过程可用卷扬上升时的控制简图 3－24 说明。

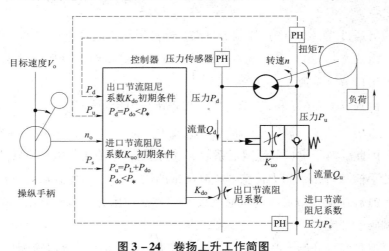

图 3－24 卷扬上升工作简图

2. 卷扬下降控制方案

卷扬下降时的液压原理如图 3 – 25 所示。

如图 3 – 25 所示，卷扬下降时转速由供给压力 P_s、负荷力矩 T、进口节流阀阻尼系数 K_u、出口节流阀的阻尼系数 K_d 共同决定。

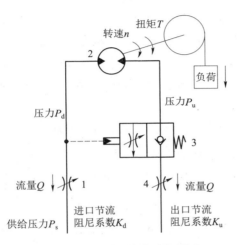

图 3 – 25　卷扬下降的液压原理

1，4—可调节流阀；2—卷扬液压电动机；3—平衡阀

卷扬下降时，为使平衡阀打开，必须通过控制进口节流阀阻尼系数 K_d 使进口节流压力 P_d 高于平衡阀的开启压力 P_{**}。

由图 3 – 26 可得：

$$Q = K_u \sqrt{P_u} \tag{3–23}$$

$$Q = K_d \sqrt{P_s - P_d} \tag{3–24}$$

$$P_u D_M = T + P_d D_M \tag{3–25}$$

由式（3 – 2）～式（3 – 4）可得流量 Q 为

$$Q = K_e \sqrt{P_s + (T/D_M)} \tag{3–26}$$

其中：$1/K_e^2 = 1/K_u^2 + 1/K_d^2$。

液压电动机转速 n 可通过控制流量来控制。

流量 Q 可以通过控制进口节流阀阻尼系数 K_d 以及出口节流系数 K_u 来控制。

由式（3-16）和式（3-24）可得进口节流阻尼系数：

$$K_d = nD_M / \sqrt{P_s - P_d} \qquad (3-27)$$

因此，控制进口节流阻尼系数时，可用与电动机转速对应的手柄倾角 n_o、压力传感器检测出来的输入压力 P_s 和进口节流压力 P_d，然后用控制器演算出进口节流阻尼系数 K_d，通过此信号控制比例阀的开度。

但是卷扬下降之前进口节流处压力 P_d 不能通过传感器检测出来，必须指定进口节流阻尼系数 K_d。

如前面所述，为使进口节流压力打开平衡阀，必须将压力 P_d 设定得高于平衡阀的开启压力 P_{**}。

由式（3-16）和式（3-23）可得出口节流阻尼系数

$$K_u = nD_M / \sqrt{P_u} \qquad (3-28)$$

因此，关于控制出口节流阀阻尼系数 K_u 时，应使用与电动机转速对应的手柄倾角 n_o、压力传感器检测出来的出口节流压力 P_u，通过控制器演算出口节流阻尼系数 K_u，使用此信号控制比例阀的开度。

但是卷扬下降之前出口节流压力 P_u 不能通过传感器检测出来，必须指定出口节流阻尼系数 K_u。

由式（3-25）可知

$$P_u = T/D_M + P_d$$

所以卷扬开始下降之前指定出口节流的压力 P_u 为负荷压力 $P_L = T/D_M$ 加上出口节流的压力 P_d。

负荷压力 $P_L = T/D_M$ 是进口节流阀和出口节流阀关闭，且解除液压制动器通过传感器检测出的出口节流的压力。另外，进口节流的压力 P_d 为 P_{do}。图3-26反映了卷扬下降时的控制简图。

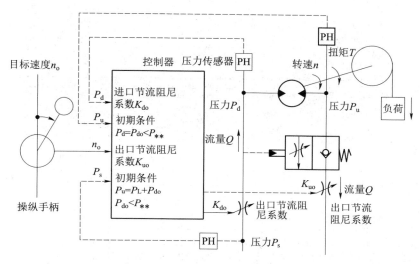

图 3-26　卷扬下降的工作简图

95

上述电液系统控制方案在国内某公司 100 吨起重机上装机试验，对臂架的控制效果有显著改善。在传统的 REXROTH 比例阀系统上测试变幅油缸的速度，其曲线（采样间隔 80 ms）如图 3-27 所示。

可见，负载导致比例阀的流量起点后移，此时回油口打开，导致油缸的速度过冲，给定速度为 15 mm/s，而实际速度尖峰则达到 25 mm/s，且存在多次速度波动，速度平顺性不佳。

采用自制的双阀芯比例阀对进出油口进行分别控制，并采用前面所述的控制算法，速度过冲和速度波动现象有明显改善，其速度曲线如图 3-28 所示。

可见，在负载口独立控制后，实际速度与给定速度的误差在 10% 左右，基本消除了启动的速度过冲和启动延时，对起重机臂架运动的平顺性有显著改善。

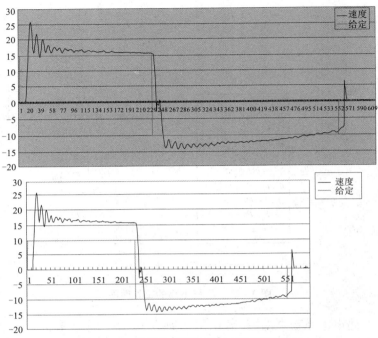

图 3 – 27　传统比例阀系统上所测速度曲线

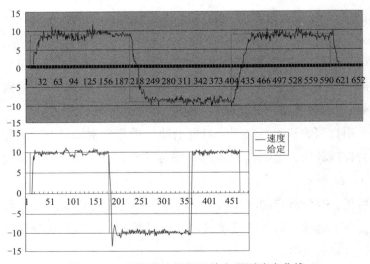

图 3 – 28　双阀芯比例阀系统上所测速度曲线

国内现有的起重机在臂架的平顺性控制上存在缺陷，根源在于液压系统主控制阀的 A、B 油口不能独立控制，导致与执行元件之间的匹配不合理，不能随外负载的变化情况及时改变。针对此问题提出了创新性的解决方案，将传统的比例方向阀的功能分为开关方向阀和比例节流阀，通过液压系统参数的在线监测和实时计算，对比例节流阀的开度进行实时控制，使液压系统的参数能够及时跟随外负载的变化，实现动态最优控制。

随着电气系统可靠性的提高和成本的降低，全电控的高性能起重机将引领国内起重机技术的发展趋势。后续的研究主要集中在两个方面：加减速过程的平稳性控制和节流阀压力流量特性的精确控制。

当油缸或马达减速时，压力 P_d、P_u 也随之变化，所以控制器对节流阀阻尼系数的控制频率要尽量与压力的变化频率保持一致，如果控制器的更新频率比压力的变化频率慢，则可能导致油缸或电动机的震荡。

在所分析的节流阀的压力流量特性中，流量与压力的平方根成正比，但是实际流量压力特性可能并非如此，所以实际应用时的压力流量特性需要根据试验进行修正。

3.4 基于插装阀的电液控制技术

一、插装阀的工作原理

插装阀为锥阀结构，或称座阀，形状与单向阀相似。完整的一套插装阀是由阀杯、阀芯、弹簧、盖板、控门（电磁阀或压力阀等）以及阻尼塞、梭阀等组成的，如图 3-29 所示。它有两个工作腔 A 和 B，一个控制腔 X。阀芯头部的锥面与阀杯套孔内的阀座形成阀口，锥阀位于阀座上，形成密封带，使 A 与 B 之间没有泄漏，形成良好的密封。阀杯上设有三道密封圈，可防止 A、B、X 之间泄漏。但 X 与 B 之

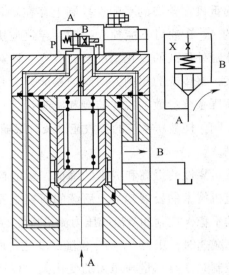

图 3 – 29　插装阀结构图

间因配合间隙会有微小泄漏。插装阀的符号如图 3 – 30 所示，阀芯的工作状态为关或开，其是由作用在阀芯上的合力的方向和大小决定的。

当不计阀芯质量和阀芯与阀杯之间的摩擦力时，阀芯的力的平衡关系式为：

$$\sum F = P_X \times A_X - P_A \times A_A - P_B \times A_B + F_1 + F_2$$

$$(3-29)$$

式中　$\sum F$——阀芯上作用的合力；

P_X——X 腔的压力；

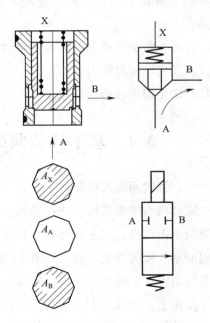

图 3 – 30　插装阀图形符号

P_A——A 腔的压力；

P_B——B 腔的压力；

A_X——X 腔的工作面积；

A_A——A 腔环状作用面积；

A_B——B 腔的工作面积；

F_1——弹簧力；

F_2——液动力，它与通过阀口的流量和阀芯开口大小有关，开口较小时，液动力起作用，方向向下；开口大时液动力影响减小。

当合力 $\Sigma F > 0$ 时，阀芯关闭；当合力 $\Sigma F < 0$ 或为负值时，阀芯开启；当 $\Sigma F = 0$ 时，为过渡过程，阀芯保持在某个原来状态。

在这个关系式中，三个腔的压力状态起主要作用。

插装阀中先导控制油可以为内控，也可以为外控。

☆　$P_X > P_a$ 时，A—B 不通；

　　$P_X > P_b$ 时，B—A 不通。

☆　$P_X = P_a$ 时，A—B 不通；

　　$P_X < P_b$ 时，B—A 通。

☆　$P_X = P_b$ 时，A—B 通；

　　$P_X < P_a$ 时，B—A 不通。

☆　$P_X < P_a$ 时，A—B 通；

　　$P_X < P_b$ 时，B—A 通。

由此可以看出，控制腔 X 的压力必须始终大于 A、B 腔的压力，这样才能保证阀芯可靠地关闭，使插入元件作为二位二通阀可靠地切断 A—B 的油路，不受系统工作压力的影响。在第 2、第 3 种情况下，P_X 只要等于 P_A 或 P_B 腔的某一个压力，则成为一个单向流动的单向阀。阀芯启闭的速度和时间，主要是由阀芯上作用的合力以及盖板上进出油孔的大小决定的。合力大，孔大，则启闭很快；合力小，则慢，当上下压力平衡时，主要靠弹簧力关闭。有时合力虽大，但盖板有阻尼孔时，也会影响关闭速度。作为单向阀，开启压力的大小和弹簧有关，一般有 2~4 种弹簧可供选择。A—B 的开启压力一般为 0.3~2.8 个压力（kg/cm²）。实际上插装阀的结构有许多细微变化以适应不同的用途，A_X/A_A 也有不同的面积比。

A 型插件的面积比为 1:1.2，这是最基本的，这种结构一般流向为 A→B 的方向控制阀。

B 型插件的面积比为 1:1.5，这种插件的流向一般为 A→B 或 B→A 的双向流动。由于这种插件 A 口直径较 A 型的小，因而 B 型插件的流动阻力稍大。

阀芯上带阻尼孔的插件，面积比为 1:1.07，这种结构用于压力阀。

阀芯头上带缓冲头的，其面积比为 1:1.5，这种结构可 A→B 或 B→A 流动，其换向冲击力小，但流动阻力比 B 型还大。其他还有许多，这里不再介绍。

二、插装阀的控制

插装阀的控制主要由其上面的盖板、盖板上面的各种控制阀门及盖板上的梭阀和阻尼等实现，不同的控制可使插装阀实现各种不同的机能。这里仅介绍系统上常用的几种。

1. 单向阀

如图 3-31 所示，单向阀只是在出口 B 处引一控制油到阀芯 X 腔。单向阀一般是 A 型阀，流向只能为 A→B，不能反向流动。也可用 B 型阀，这时只能从 B→A，反之 A→B 是不通的。

单向阀的盖板上没有控制阀，除非油液不干净，或阀芯卡死，一般这种阀不容易出现故障。因为用了单向阀，即使某台泵不开动，系统中的高压油也反流不到不开的那台泵。否则那台泵就会反转成了油马达了。

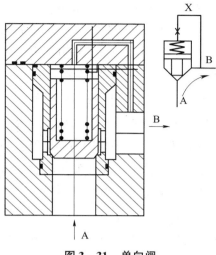

图 3 - 31　单向阀

2．液控单向阀

　　液控单向阀由插入件与液控单向阀盖板组成，如图 3 - 32 所示。这个盖板上加了一个液控单向元件。液压单向元件的小活塞由外控油

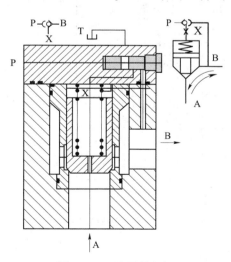

图 3 - 32　液压单向阀

路控制，其控制压力应大于或等于 B 腔压力的 130%。当控制口 X 卸压时，A→B 通，B→A 不通，这时相当于一个单向阀。当外控油顶开小活塞时，钢球向右，X 腔卸压，这时 A→B、B→A 均通。

3. 电磁换向阀

电磁换向阀由方向插入元件、电磁阀盖板和先导电磁阀组成。当采用外控油路时，控制压力必须高于系统最大压力，当电磁阀带电时 A→B 通，断电时 A→B 不通。如果采用内控油路，当 B 腔压力大于 X 腔压力时，阀芯不能可靠地关闭，存在反向流动的可能性，这种情况在某些场合是不允许的，为此当采用内控油路时，必须在盖板上加一个梭阀，如图 3 - 33 所示。这样当 B 腔压力高于 A 腔时，B 腔压力使梭阀中的钢球推向另一边，关闭 A 油源，而 B 腔与 X 腔连接，因而照样能可靠地关闭。

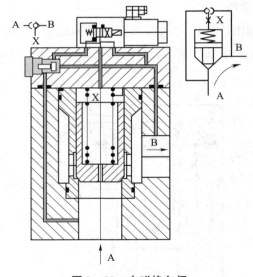

图 3 - 33　电磁换向阀

4. 压力控制阀

压力控制阀由一个压力阀插件和一个调压控制盖板组成。

如图 3 - 34 所示，压力阀阀芯的面积比为 1∶1.07。压力阀阀芯上有一个小的阻尼孔，该孔直径很小，一般为 1 mm，或稍大。而盖板上装了一个直动式压力阀，靠手柄调节弹簧调节压力阀的压力。这种阀容易出现的故障是小孔堵塞，使阀芯打不开或关不上。还有就是直控压力阀的三角形阀芯没放正，关不严，使大阀关不死；系统压力上不去，或压力太高，一般可能是压力阀引起的。

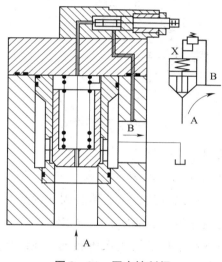

图 3 - 34　压力控制阀

5.　方向节流阀

方向节流阀的作用是控制流过阀门的流量，最简单的办法就是控制阀芯开启的大小。如图 3 - 35 所示，这种阀的电磁阀不能放在盖板上面，而是放在旁边，盖板上安装一个可调节的螺杆，用它来限制阀芯的开口大小。执行元件下降的快慢就是靠调节这个阀的开口大小，决定回程缸的排油快慢来控制的。这种阀的阀芯是节流插件。

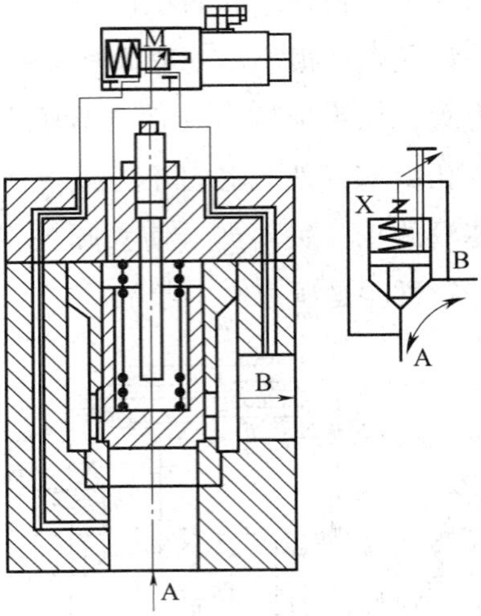

图 3 – 35　方向节流阀

三、二通插装阀集成系统

1.　二通插装阀液压系统的结构特点

通过前面的介绍可以看到，二通插装阀无论是从结构原理上还是从控制机能上，与其他传统的液压控制阀相比都有很大的差别，因此，插装阀液压系统与现在通用的滑阀系统相比，在结构形式上显然是不同的，其设计方法也不一样，其主要体现在以下三个方面：

（1）作为系统基本工作单元的二通插装阀具有两个重要特征：一个是组合化；二是多机能化。它是由主级和先导级两部分组成的，作为直接控制工作油流的主级——插入元件的结构很简单，只有两个工作口，它的工作状态是由先导级控制的，只要配置不同的先导元件和改变连接形式，即可实现各种不同的方向、压力和流量控制功能，应用十分灵活方便。所以，系统主级的结构设计比较简单，变化也不大，而先导级的结构设计却是比较复杂的，变化也大，是二通插装阀液压系统的关键所在。

（2）作为系统的基本控制单元是以液压执行机构（液压缸或液压

马达）的基本工作单元——单个工作腔作为控制对象的。一个复杂的液压系统可以包含多个执行机构，而且要有许多复杂的动作和功能要求，但是如果从每个工作腔的工作情况来分析的话，无非是要求控制它的液流方向、压力和流量这三大参数。所以，在二通插装阀系统中就以单个工作腔的复合控制作为设计的出发点。

将两个插装阀组合起来构成的三通回路作为基本控制单元，其中一个作为进油阀，另一个作为回油阀，通过对它们的控制可实现各种不同的功能，例如：

进油阀开、回油阀关——进油加压；

进油阀关、回油阀开——卸压回油；

进油阀和回油阀全关——锁闭、保压、停止；

进油阀在一定压力下开启——顺序工作；

进油阀在一定压力下关闭——减压工作；

回油阀在一定压力下开启——溢流限压；

进油阀半开启——入口节流调速；

回油阀半开启——出口节流调速。

基于这个原理，只要在先导控制部分进行相应的变化，这个基本控制单元就可以实现单个工作腔的大部分控制要求，具有很强的通用性。所以，这个基本控制单元就成了二通插装阀基本回路的基础。一个二通插装阀控制系统主要就是由与执行机构的单个工作腔数目相当的基本控制单元所组成的。

（3）二通插装阀液压系统总是以插装式连接、集成化的形式出现，且不受压力和通径的限制。

2．二通插装阀集成块

二通插装阀集成块主要有以下三种形式。

1）专用集成块

专用集成块是针对某个特定的液压控制系统或特殊回路专门设计

制造的。从集成块的工作机能、结构形式、外形尺寸、流道布置、出管方向，一直到所包含的插装阀的品种、数量和通径大小都不是固定的，而是根据实际工作要求和条件设计确定的。此外，一般还将系统中使用的插装阀和其他元件全部或尽可能多地集中安装在一个整体的大阀体上。这种形式的优点是可以充分利用各种元件的功能，结构紧凑、体积小、密封性好。但是其专用性强，系统难以更改，要求设计水平高和工作量大。又由于阀体孔系复杂，故对加工条件要求高、生产周期长、批量小、费用高。其一般适合用于大功率的液压系统，以及回路比较复杂和特殊的场合。

2）通用集成块

通用集成块是按照各种基本液压回路来设计制造的，它们具有固定的结构形式、外形尺寸、流道布置、外部连接尺寸，以及插装阀的数量和通径，只是在工作机能上有所不同。人们可以根据具体工作要求从中选择和搭配，再用叠加等集成形式组成一个系统。所以，这种形式的好处是通用化程度高、适用面广、系统容易变换、设计工作量小和技术水平要求低，便于推广应用。一般由于每个通用集成块只包含2个或4个插件，所以阀体小、孔道简单、加工方便、生产周期短、批量大、费用低。它的缺点是系统设计受到通用块的一定限制，元件能力不能全部发挥，体积重量略大，由于安装连接面多，故增加了加工量及漏油的可能性。这种形式适合应用于一般的中小功率的系统，以及回路比较典型的场合，如图3-36所示。

3）通用—专用混合集成块

上面两种形式各有特点，在具体应用于某个系统时往往利弊相当、顾此失彼。一个较好的解决办法便是采取由通用集成块加专用集成块的混合形式，扬长避短，得到最佳的方案。根据情况可以采取以专用集成块为主体辅以若干块通用集成块的形式，或者在通用集成块的基础上加个别的专用集成块，如图3-37所示。

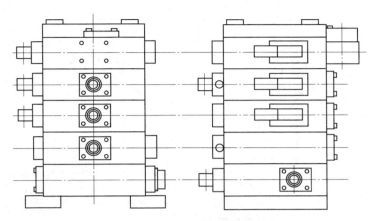

图 3 - 36 通用集成块

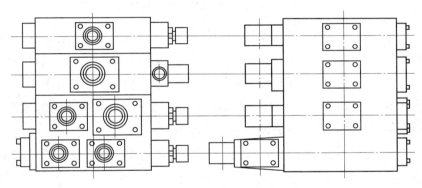

图 3 - 37 通用—专用混合集成块

3. 三通集成块

通用集成块的基本结构是按照基本控制单元的设想而制定的，它带有两个插装阀，组成一个三通回路，所以三通集成块是通用集成块最基本的形式。

三通集成块的结构形式主要取决于对两个插入元件的布置，对应于三通阀的 4 种连接形式相应就有 4 种不同的结构形式。三通集成块一般均采取 Ⅰ 型和 Ⅱ 型，因此也就决定了它的阀体结构形式，如图3 - 38 所示。

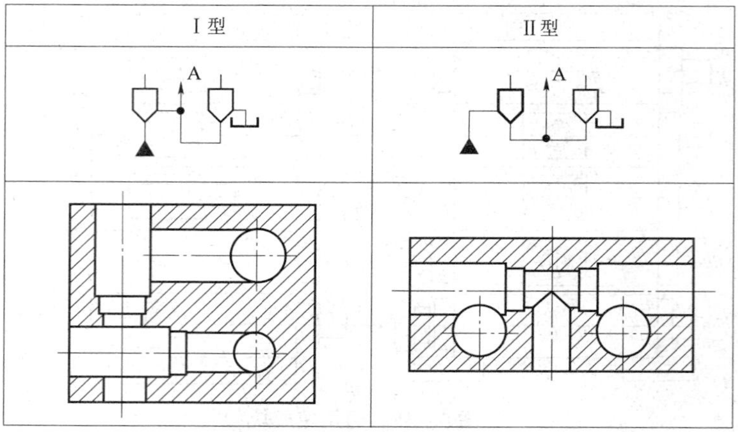

Ⅰ型	Ⅱ型

图 3-38　三通集成块阀体结构型式

在图 3-38 所示的Ⅰ型结构中，两个插入元件垂直布置，它们的距离较近，先导回路的连接比较方便，路程短，并且进油阀处也可安装压力阀插入元件，所以这种结构比较通用，在通用集成块中用得最为普遍。Ⅱ型结构中，两个插入元件对称同轴布置，结构最为紧凑，但两阀距离较远，先导回路的连接比较麻烦，路程较长。

两种阀体均以上下平面作为安装连接面，采取多层叠加的形式进行安装。它们都带有两个上下贯通的 P 和 T 孔，因而组成的集成块具有共同的进、出油口。进、出油阀的通径可以是相同的，也可以是变化的，后者的回油阀通径比进油阀的大一挡。

4. 四通集成块

实际上，执行机构往往是双作用的，具有两个工作腔，这两个工作腔的工作要求是互相关联的，可以作为一个整体来对待，传统的控制回路就是以四通回路为基础的。鉴于这个特点，为了在一些情况下能简化结构，减小外形尺寸和重量，提高经济性，开发了四通的通用集成块。四通集成块只是两个三通块的组合，一般均采取由同样两个Ⅰ型或两个Ⅱ型的组合形式。阀体的结构形式有以下几种，如图 3-39 所示。

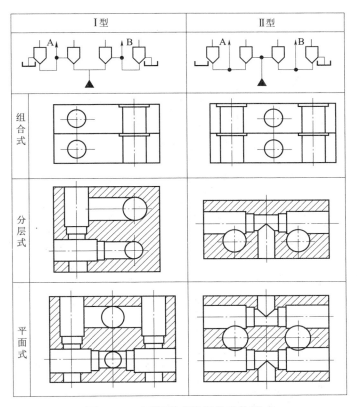

图 3 - 39　四通集成块阀体结构型式

（1）组合式四通阀体，由两块三通阀体组合而成，只是在原来的阀体上再按需要增加一些上下沟通的控制通道。

（2）分层式四通阀体，与组合式阀体形状相同，只是阀体是整块的。

（3）平面式四通阀体，4 个插入元件可在一个平面上，插在一个整块阀体中。

组合式和分层式通用性较好，可以与三通集成块直接叠装，控制流道布置较方便，但高度尺寸大，体积重量也较大。平面式的结构较紧凑，体积和重量较小，高度降低，但平面安装尺寸增大。

第四章　工程机械功率匹配
与控制新技术

4.1 工程机械功率匹配与控制概述

一、国内外对工程机械节能技术研究的现状

国外工程机械节能技术主要集中于大型工程机械制造企业，如美国的卡特彼勒公司和特雷克斯公司，日本的小松制作所和日立建机，德国的博世力士乐、利勃海尔等。其中，德国博世力士乐公司在工程机械液压系统节能方面占据领先地位，力士乐液压泵具有恒功率控制、总功率控制、正控制、负控制、恒压控制、DA 控制、EP 控制、HD控制等多种控制方式，其液压多路阀具有负载敏感（LS）控制、与负载无关的流量分配（LUDV）控制等控制方式，其液压电动机具有负载自适应控制等节能控制技术。为了协调液压泵与发动机的功率匹配，力士乐推出了以发动机和液压系统为控制对象的机电液一体化的节能控制技术——功率极限载荷控制（LLC）技术，使其节能研究超越了液压元件和液压系统，实现了从功率供给到功率传输的全过程功率管理。

另外，以日立建机等企业为代表的日本挖掘机生产厂家开发了覆盖发动机和液压泵的节能控制系统，检测发动机实时转速并与预定转速进行比较，如果转速差超过预先设定的最大值，则认为发动机和液压泵的功率不匹配，即控制器对液压泵排量进行越权控制，使发动机转速重新回到设定转速附近的一个小范围内。

国内的工程机械节能技术主要集中于大学和研究机构，如浙江大学、吉林大学、同济大学等，三一重工针对其生产的工程机械进行了节能技术研究和试验，取得了一定成果。其中，浙江大学以冯培恩教授为代表的研究团队，以国家重点实验室为依托，针对工程机械液压系统和混合动力系统进行了长时间的研究，培养了大批博士和硕士，成果显著。吉林大学赵丁选教授、同济大学黄宗益教授针对挖掘机液压系统和动力系统进行了电子节能技术的研究，并发表了大量专业文献。三一重工对液压挖掘机、液压平地机、混凝土泵车和沥青摊铺机等全液压工程机械的节能技术进行了长时间的研究和试验，取得了大量的专利技术，成果显著。

二、目前对工程机械节能技术研究的不足

目前，国内外对工程机械节能技术研究的对象包括液压元件、发动机、液压系统、发动机和液压泵、发动机和液压系统，由于研究对象范围的限制，其节能控制技术具有一定的局限性，主要表现在：其节能最优控制仅为局部最优，不是全局最优；片面追求节能效果，而忽视了工程机械的动力性；只关注功率的传递效率，而忽略了功率的最终作业效率。

随着工程机械的作业性能不断提高、能耗水平不断降低、操作舒适性不断提高，局部的节能控制已不能满足用户的要求，工程机械节能技术的全局化程度将不断增加；只为节能而节能，忽略工程机械动力性的做法与用户的需求背道而驰，应将工程机械的动力性和经济性统一起来研究，在确保作业性能不降低的前提下进行节能控制；功率的最终作用是完成作业任务，所以，节能研究不应该只关注功率传递，还应该关注不同功率流协同作业时的最终作业效果。

针对工程机械节能技术的不足和发展趋势，目前工程机械节能研究主要集中在全局节能、广义节能和最终效果节能方面。扩大节能研究的范围，将发动机、液压系统、控制系统、作业机构等纳入节能控

制范围来统筹控制；根据工况进行动力控制和节能控制，使工程机械的动力性能和经济性能统一起来；将不同功率流的协同作业效果作为反馈信息构成闭环控制系统，在节能的同时提高工程机械的作业效率。

　　工程机械的工作过程，从能量的角度看，是能量的转换、传递和对外做功的过程。对工程机械的节能研究离不开对其功率流程的分析，图 4 - 1 所示为典型工程机械的功率流。

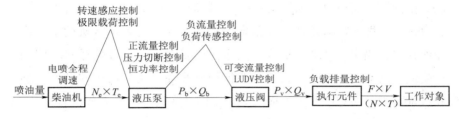

图 4 - 1　典型工程机械功率流

　　对于以柴油机为动力的工程机械，所有的动力来源于柴油的化学能，柴油机将燃油的化学能转化输出为机械能——转速和转矩。目前采取全程调速或电控喷油等控制技术改善柴油机的动力特性和能耗特性；液压泵吸收柴油机的机械能并转化为液压能——压力和流量，目前一般采取恒功率控制、压力切断、正流量控制等，以改善泵的动力特性和能耗特性；柴油机和液压泵是能量的供方和需方的关系，为了改善供求关系，一般对发动机和液压泵采取转速感应控制或功率极限载荷控制等，以改善二者联合工作时的动力特性和能耗特性；液压阀吸收液压泵输出的液压能，经过调节液压系统的压力、流量和方向后输出压力和流量给相应的执行机构，一般采取可变流量控制以使多执行机构协同动作，或采取 LUDV 技术以克服并联回路中负载差异对流量分配的干扰；在阀控系统中，液压阀受操作者控制，其状态一般可以代表操作意图和流量需求，所以，液压泵和液压阀的关系是流量的供方和需方的关系，为了匹配供求关系，一般采用负流量控制或负荷传感控制；液压阀输出的液压能被油缸或电动机吸收，并输出机械能——力和位移或转速和转矩，执行元件输出的机械能部分或全部对外负载做功，执行元件对外负载的有效做功构成其有效功率。

由以上对工程机械功率流的执行层和控制层的分析可见，目前的元件效率控制技术、部件功率控制技术和子系统功率控制技术都只能做到局部最优控制，而未能从整机作业系统的高度进行节能分析和控制。由前面分析可见，所有的能量转换和传递的最终目的是对外负载有效做功，即输出有效功率。根据工程机械往往是多执行机构协同作业的特点，输出有效功率取决于两个因素：功率的有效传递和不同功率支流之间的有效配合。目前的节能控制往往专注于功率的有效传递和供求双方的动态匹配上，而忽略了不同功率流之间的有效配合。

作业效率是指工程机械单位时间的作业量。作业效率与节能往往是矛盾的，提高一方性能往往会使另一方的性能降低。只有在相同作业效率下的能耗数据才具有可比性。

由上述分析可知，节能不仅取决于功率传递的效率和功率供求双方的动态匹配，还取决于不同功率流之间的有效配合，并与作业效率有关。

三、广义节能与全局节能

广义节能的概念包含了四点要求：效率、动态匹配、不同功率流之间的有效配合和作业效率。为了实现广义节能意义下的节能控制，需要以作业系统（整机和负载）作为研究对象，将传统节能控制技术、多执行机构的协同控制和作业效率三者统一在一个共同的节能目标下，实现广义节能意义下的最优节能控制。

为了定量分析节能效果，可以定义如下全局节能指标：

$$全局节能指标 = \frac{对外有效功率}{油耗 \times 作业时间} = \frac{有效功率}{油耗}$$

全局节能指标是在单位时间内、单位油耗下机械对外输出的有效做功，是有效功率与油耗的比值，考虑了作业效率、多执行机构协同作业和传统节能控制三方面的内容，该指标能够全面评价和比较工程机械的节能特性。

以全局节能指标为总目标，可以建立多层次、全方位的工程机械节能控制体系，如图 4 - 2 所示。

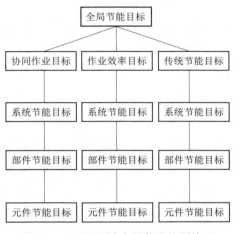

图 4 - 2　工程机械全局节能控制体系

在图 4 - 2 中，全局节能目标可以分解为作业效率目标、协同作业目标和传统节能目标三个维度，每个维度又可以分解为系统级节能目标、部件级节能目标和元件级节能目标。这样构建的节能体系有以下优点：

（1）各个层次、各个部件的节能控制目标一致；

（2）以全局为控制对象，能够实现全局最优控制；

（3）节能目标是作业快速性和经济性的统一；

（4）节能评价更合理，节能效果具有可比性。

四、基于全电控系统的柔性匹配节能控制技术

传统的节能控制已经在局部最优意义下取得了一定的成果，只有突破传统的节能控制范畴才能取得更大的节能成果。可以在以下几方

117

面突破传统的节能技术体系：

（1）突破固定参数的功率匹配，实现分工况的柔性参数动态功率匹配；

（2）采用作业模式识别技术，建立基于作业模式的动态功率分配系统；

（3）识别驾驶员的操作意图，建立基于操作模式的作业效率管理系统。

为了实现上述技术突破，需要建立全电控的执行层和分布式的控制层，构建全新的工程机械功率控制体系。

1. 全电控的功率系统

采用电控喷油柴油机和电比例液压泵、电比例控制阀、电比例液压电动机，构建全电控的传动系统，由于采用了全电控的功率传递和转换元件，故可以实现硬件功能的最小化，增加硬件的通用化程度，这样可以实现更深入的感知和更广泛的智能控制。

由于系统的控制功能和专用功能是由软件承担的，所以可以在机械工作过程中根据工作情况和操作情况对控制参数进行在线调节，实现参数匹配柔性化，以获取更好的、广义的、全局的节能效果。

2. 基于总线的分布式控制系统

建立全电控的功率系统，特别是全电控的液压系统后，控制程序需要对液压系统的压力信号进行处理，这对控制系统的响应速度提出了非常高的要求，以目前工程机械控制器的技术条件，尚无法满足对压力信号及时处理的要求。

如前所述，可以开发专门的基于总线的液压泵控制器、液压阀控制器和发动机控制器，各个控制器与高速总线连接，建立基于总线的分布式控制系统。

基于总线的分布式控制系统的结构如图 4-3 所示。在图 4-3 中，发动机控制器根据发动机运行状态的数据和用户指令控制发送机喷油，并将相关数据发送到总线，从总线上接收其他控制器的控制指令；液

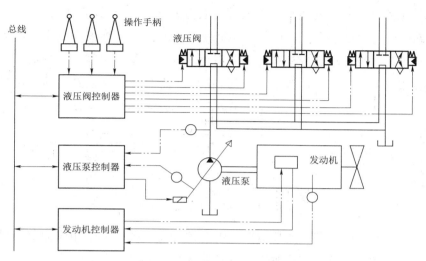

图 4 – 3 基于总线的分布式控制系统

119

压泵控制器根据泵出口的压力信号对其排量信号进行调节,并将相关数据发送到总线,从总线上接收其他控制器的控制指令;液压阀控制器接收操作人员的操作指令,据此对液压阀进行控制,并将相关数据发送到总线,从总线上接收其他控制器的控制指令。

由以上分析可见,传统的节能控制具有多种缺陷,突破传统节能控制技术体系的有效途径是建立全电控的功率系统和基于总线的分布式控制系统,该技术可以实现分工况的柔性参数动态功率匹配,建立基于作业模式的动态功率分配系统和基于操作模式的作业效率管理系统,为工程机械节能开辟了巨大的技术空间,引导着现代工程机械节能技术的发展方向。

4.2 工作装置动力总成的匹配与控制技术

一、挖掘机现有的节能措施分析

挖掘机的工作过程是柴油的化学能经过发动机、主泵、主阀、执行元件等一系列的能量转换与能量传递环节后对外负载做功的过程。每一个能量转换和传递环节都要消耗一定的能量（如发动机带动电动机等附件及发动机冷却和排气要消耗能量，主泵、主阀、执行器等要克服自身摩擦和惯性等），最后经由执行器对外界负载做功的能量只是总能量中很少的一部分。功率流动情况示意如图4-4所示。

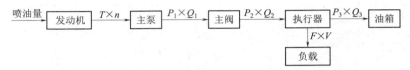

图4-4 挖掘机功率流动示意图

针对各个环节的能耗情况，现有挖掘机已经采取了相应的节能措施，在此基础上增加或改进的节能措施如表4-1所示。

表4-1 挖掘机节能范围与措施

节能范围	现有节能措施	增加的措施
发动机	选用二次排放发动机；自动怠速控制	改进的自动怠速控制；限制发动机空载最高转速控制
发动机—液压系统	发动机转速感应控制；分工况发动机功率控制	新型转速感应控制；在线负载计算与动态功率匹配
主泵	主泵排量负控制	主泵排量正控制
主阀	主阀防溢流控制；微动溢流损失控制	—
液压系统	工作装置再生油路设计；回油背压改善设计	—
作业系统	—	基于模糊油门控制器的功率自适应控制

现有挖掘机采取的节能措施及其控制思想如下：

（1）自动怠速控制。

当所有先导操作机构回中位后约 3.5 s，发动机转速降至 1 350 r/min，发动机进入自动怠速状态；当检测到有先导操作动作时，发动机恢复到原目标转速。

（2）发动机转速感应控制（ESS）。

当油门挡位和功率模式给定时，控制器给出唯一的目标转速。控制器通过转速传感器检测发动机实际转速，并依据目标转速与实际转速的差值对主泵排量进行 PID 调节，使该差值保持在一定范围内。

（3）发动机功率模式控制。

挖掘机操作手可以设定发动机某一油门挡位下的功率输出模式：H 模式下输出最大功率；S 模式下输出 90% 最大功率；L 模式下输出80% 最大功率。

（4）主泵排量负控制。

通过在主阀中位设置节流孔，检测主泵流量供给与执行器流量需求之间的差异，并将该流量误差压力信号反馈到主泵排量控制机构，以此对主泵排量进行校正。

（5）主阀防溢流控制。

主溢流阀开启压力为 26.9 MPa/2 L/min，压力增加率为0.01 MPa/L/min，当溢流流量达到某一设定值时，开始减小泵排量，进行防溢流控制。

（6）微动溢流控制。

通过电控程序对微动作时的流量进行精确匹配，防止微动作时主溢流阀和二次溢流阀打开。

（7）工作装置再生油路控制。

斗杆回收采用再生油路设计。

（8）回油背压改善控制。

回油背压由 3 MPa 降至 1.2 MPa，减少发热量。

现有挖掘机采取的节能措施均以部件或子系统作为节能目标，不能实现整体节能的最优控制。本书对现有节能措施进行了改进，增加了部分节能措施，力图实现系统节能的最优控制。

在挖掘机工作过程中，负载突变是导致能耗过大的主要原因，是挖掘机动力性和经济性相统一的主要障碍。只有将负载引入节能控制系统加以研究，结合挖掘机自身的固有特性和操作人员的操作意图，将操作人员—挖掘机—外负载作为一个系统通盘考虑，才能实现全局节能的最优控制。本书在现有挖掘机节能措施的基础上，将节能控制的范围延伸到人—机—负载，其增加和改进的节能措施包括以下几方面：

（1）主泵排量正控制。

以先导压力控制主泵排量，减少了主阀中位能量损失，改善了流量供需之间的动态匹配性能，增加了操作舒适性。

（2）改进的自动怠速控制。

挖掘机所有先导手柄回中位后，发动机转速立即降低 100 r/min，约 3.5 s 后，发动机转速分两步降至自动怠速转速，进入怠速状态；当检测到有先导压力后，发动机转速分两步升至原目标转速。

（3）限制发动机空载最高转速。

发动机在额定功率点工作时，若负载突然降低，发动机会趋向于空载最高转速。通过电控手段可以避免该情况发生。

（4）基于负载估计和模糊油门控制器的功率自适应控制系统。

通过对先导压力进行模式识别，取得操作人员的工作模式和速度期望，通过在线检测主压力和先导压力计算挖掘机的实时功率需求，据此对发动机油门开度进行模糊控制，使动力系统的功率能够及时跟随外负载的变化，同时满足用户的操作期望。功率自适应控制系统全面考虑了人—机—负载等因素，以实现全局节能最优控制。

下面分别叙述上述节能措施的技术方案设计。

二、挖掘机电子节能控制技术设计

1. 主泵排量正控制

正流量控制是指主泵排量与先导压力成正比。目前，挖掘机主泵排量正控制方式包括液压正控制和电气正控制两种。液控正流量控制是通过梭阀组将先导压力的最大值检出，直接控制主泵排量，其控制直接可靠；电控正流量控制是通过传感器将先导压力信号输入控制器，控制器对先导压力信号进行加工、修正后控制主泵电比例阀电流，进而控制主泵排量，其流量匹配效果更理想。

液控正流量系统其连接方式如图 4 - 5 所示。

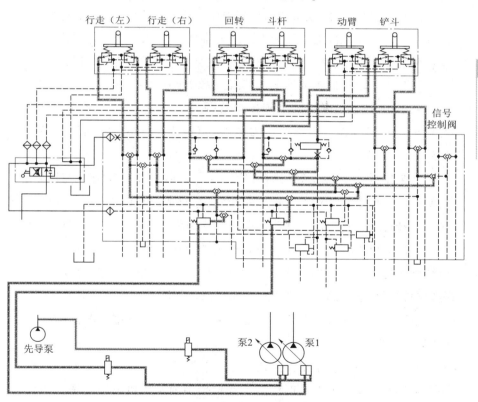

图 4 - 5　液控正流量控制系统

电控正流量系统在先导管路中安装了压力传感器，用以检测各个先导压力信号并输入控制器。主控制器根据先导压力信息对系统流量需求进行实时计算，并据此给出主泵排量电比例阀电流值，对主泵排量进行正控制。

电控正流量方式可以实现流量需求与流量供给更精确的匹配。控制器根据执行元件的最大速度确定最大流量，并以流量的调解范围与先导压力的范围进行线性匹配。在试验中可以根据实际速度要求对匹配方式进行修正处理。

下面以 SY210F 为例对主泵排量电气正控制进行技术设计。

液压泵采用 KPM 提供的 K3V112DTP1E9R – 9T7L – V 型斜盘式轴向柱塞泵，其主要性能参数为主泵最大排量：102.5×2 mL，先导泵排量：10 mL，额定转速：2 050 r/min，主泵工作压力：34.3 MPa。

该泵为三联式通轴驱动泵，其液压原理如图 4 – 6 所示。

SY210F 挖掘机采用的手阀压力范围为 0 ~ 4.5 MPa，可调节范围为 0.64 ~ 2.25 MPa；脚阀的压力范围为 0 ~ 4.0 MPa，可调节范围为 0.5 ~ 2.2 MPa。

前泵排量由下列先导压力决定：斗杆回收、斗杆打开、左回转、右回转、左行走、动臂上升；后泵排量由下列先导压力决定：斗杆回收、斗杆打开、右行走、铲斗挖掘、铲斗卸载、动臂上升、动臂下降。

当挖掘机单独动作时，以先导压力的可调范围和主泵排量范围进行线性匹配，排量调节受总功率控制的限制；当挖掘机复合动作时，可以根据复合动作总流量需求对主泵排量进行匹配。

单独动作时 SY210F 挖掘机先导压力范围与主泵排量范围的匹配如图 4 – 7 所示。

在实际运行中，主泵排量的大小还受双泵总功率控制的制约，控制器采集双泵出口处的实时压力，并根据当前发动机输出功率在线计算双泵的最大允许排量。当正控制匹配的主泵排量小于最大允许排量

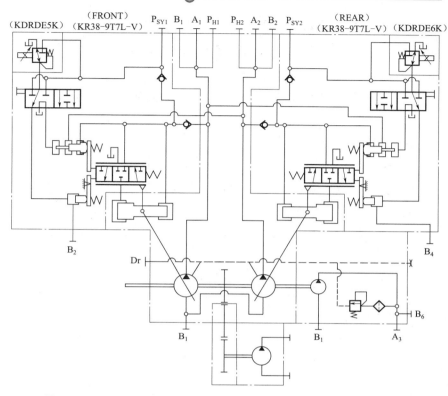

图 4 – 6　K3V112DTP1E9R –9T7L – V 型斜盘式轴向柱塞泵液压原理

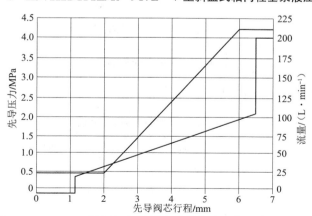

图 4 – 7　SY210F 挖掘机先导压力范围与主泵排量范围的匹配

125

时，按照先导需求进行排量匹配；当正控制匹配的主泵排量大于最大允许排量时，总功率限制匹配主泵排量。因此，双泵总功率控制对主泵排量的匹配具有较高的优先级。

复合动作时，每个泵的排量由多个先导压力中与本泵相关先导压力中较大者决定。

2. 改进的自动怠速控制

先导手柄全部回中位时，目标转速立即降低 n，零先导压力持续3.5 s后，目标转速降低至 1 350 r/min，进入自动怠速状态。其控制曲线如图 4 - 8 所示。

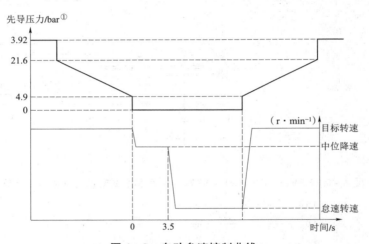

图 4 - 8　自动怠速控制曲线

n 的取值如表 4 - 2 所示。

表 4 - 2　不同挡位转速的取值

油门挡位	目标转速/（r·min⁻¹）	中位降速/（r·min⁻¹）
11	2 100	200
10	2 000	200

① 1 bar = 0.1 MPa。

油门挡位	目标转速/（r·min⁻¹）	中位降速/（r·min⁻¹）
9	1 900	100
8	1 800	100
7	1 700	100
6	1 600	—
5	1 500	—
4	1 350	—

手柄回中位后，发动机转速立即降低 n，可以防止空载最高转速状态下比油耗急剧升高的情况发生，在节能的同时也降低了整机的噪声水平。

3. 限制发动机空载最高转速

挖掘机在循环作业过程中，其负载基本是突变性的。其液压功率示意图如图 4-9 所示。

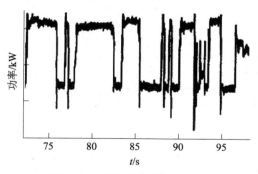

图 4-9　作业循环功率示意图

在图 4-9 所示突变负载中，当液压功率由很大突变为很小时，发动机在额定功率点附近突然升速至空载最高转速附近，其比油耗急剧升高，如图 4-10 所示。

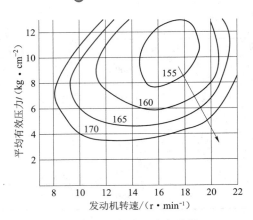

图 4 – 10　发动机功率特性

发动机在高转速、低功率输出状态的比油耗非常高，噪声增大，不经济、不环保，对发动机寿命影响也很大，应设法限制此状态出现。

以 SY210F 配备 ISUZUBB – 6BG1TRP – 02 发动机为例。由图 4 – 11 发动机功率曲线可知，当转速超过 2 220 r/min 时，进入调速

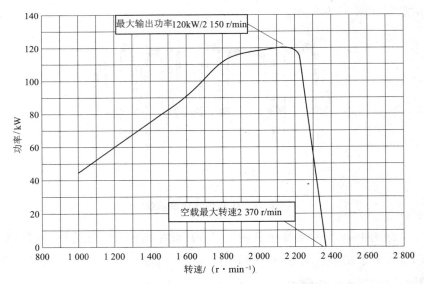

图 4 – 11　ISUZU BB – 6BG1TRP – 02 发动机功率曲线

区。为防止发动机深入调速区过多，可以设置一个警戒转速为2 250 r/min，当发动机实际转速不超过该警戒转速时，按照常规方式进行发动机转速感应控制；当发动机实际转速超过警戒转速时，在原转速感应控制的基础上将发动机的目标转速降低一个值，该值可以是实际转速与警戒转速的差值的函数，使系统具有惩罚性负反馈。

例如：当发动机实际转速超过警戒转速时，在原转速感应控制的基础上将发动机的目标转速降低 $f(n)$：

$$f(n) = k \times n = k \times (n_s - n_j) \tag{4-1}$$

式中　n_s——发动机实际转速；

　　　n_j——发动机警戒转速；

　　　n——发动机超过警戒转速的值；

　　　k——惩罚系数。

为了确保发动机转速调整的快速性和稳定性，惩罚系数 k 的取值在试验中确定。

4. 动力系统功率自适应控制

目前，国内外挖掘机节能控制主要采用分工况控制。挖掘机在实际工作时的工况有挖深沟、装车、精细平整等，不同的工况对动力系统的功率需求集聚在几个功率点附近，其示意图如图4－12所示。

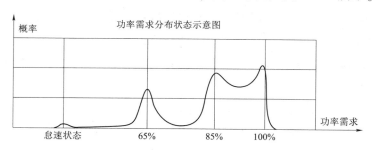

图 4－12　功率需求分配示意图

由图4－12可见，不同的工况对发动机的输出功率要求集中在几个功率点附近，所以对发动机的功率调节可以采用离散调节方式。将发动机输出功率分成若干个挡位，分别对应相应的油门挡位。在挖掘机工作过程中，功率自适应控制系统在若干油门挡位之间调节，既能有效匹配系统功率，还防止了对发动机油门过度频繁的调节。

为了实现发动机功率与外负载的匹配，传统的做法是将发动机输出功率离散为几个挡位，在实际工作中，由挖掘机操作手根据工况选择合适的油门挡位，进而实现动力系统与负载的功率匹配，这种分工况控制在原理上能够做到动力系统与外负载之间的功率匹配，从而较大幅度地节省燃油。但在实际应用中，节能效果并不理想，其原因如下：

（1）实际工况复杂，操作手难以准确估计，选择的油门挡位与外界功率需求不匹配；

（2）有时操作手并不进行工况估计，而是将油门置于最大位置，以适应所有的工况。

解决此问题的方法是通过实时负载计算实现油门开度的自动控制。其难点在于外负载功率需求的在线计算和油门开度的动态调节方式。

挖掘机动力系统功率自适应控制是在我国现有挖掘机控制系统的基础上，通过采集主泵压力信号和先导压力信号，对铲斗阻力的大小和用户对铲斗速度的期望进行在线计算，进而计算出挖掘机工作的实时功率需求；根据功率需求及其变化趋势对发动机油门位置进行离散模糊控制，使发动机工作在预定的功率输出点附近。同时对发动机进行短时超载和防溢流控制，使整机动力系统的功率匹配实现自动化和智能化。

挖掘机动力单元控制方框图如图 4-13 所示。

在图 4-13 中，在原有的发动机转速 PID 调节的基础上，增加功率自适应反馈环节和前馈环节。负载计算器模块对主系统压力和先导系统压力进行实时处理和计算，得到负载的计算值；模糊油门控制器接收负载计算器的计算结果并对其进行模糊化，通过模糊运算和处理，

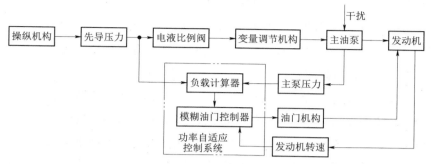

图 4 – 13 挖掘机动力单元控制方框图

输出油门开度的控制量。通过油门开度与负载的在线匹配，实现动力系统功率的自适应控制。

下面分别叙述负载计算器和模糊油门控制器的实现过程。

1）负载计算器

负载计算模块的输入量是两个主泵压力信号和 8 个先导压力信号，其输出量是负载的计算值，方框图如图 4 – 14 所示。

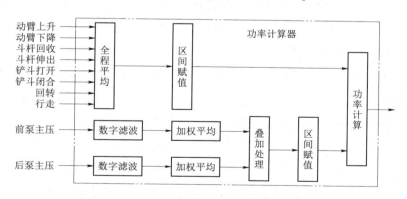

图 4 – 14 负载计算方框图

主泵压力体现了土壤的坚实程度，先导压力体现了操作者的速度期望，二者的综合可以表征负载的功率需求。负载计算器的计算过程如下：

（1）在一个工作循环内将检测到的主系统压力进行加权平均，重点突出重载挖掘时的功率需求，在 1~10 之间赋值；

（2）在一个工作循环内将检测到的先导压力进行全程平均，将结果在 1~10 之间赋值；

（3）将上述两个值相乘，得到一个 0~100 之间的数值，该值即为主泵角功率的百分数。当计算出的外界功率需求小于发动机额定功率时，对动力系统进行自适应控制；当计算出的外界功率需求大于发动机额定功率时，保持发动机额定功率输出。

对于上述计算过程，有以下几点需要说明：

（1）挖掘机在工作过程中，由负载决定的主泵压力一般都是突变性的，其频率成分较为复杂，一般不能直接用于功率计算。可以对采集到的主泵压力信号进行滤波处理，滤掉波形中的高频分量。

（2）两个主泵压力信号中，选用较大者作为计算依据。

（3）多个先导压力信号中，选用较大者作为计算依据。

（4）采集到的压力信号是离散信号，其处理方式也相应的为离散处理。

2）模糊油门控制器

挖掘机工作过程中，外负载的变化频率较高，变化幅度较大，目前的 ESS 控制通过调节泵的吸收功率来适应外负载，而不是实时调节油门开度。如此控制的结果是发动机经常工作在高油耗区域，在确保动力性的同时忽略了燃油经济性。这是 ESS 控制方式的主要缺点之一。

挖掘机动力系统具有较大的非线性、时变性和分布参数等特点，难以建立精确的数学模型，为克服传统的 PID 控制超调量过大、系统稳定性差等缺点，本书采用二维增量式模糊控制器对发动机油门进行控制。

二维模糊控制器能够较严格地反映受控过程中输入变量的动态特性，且控制规则和算法相对简单，具有较高的控制性能且容易设计。

控制器的输入变量取为转速误差 E 和误差变化 E_C，使模糊控制器具有 PD 控制规律，有利于保证系统的稳定性，并可减少响应过程的超调量和震荡现象。

　　模糊油门控制器（Accelerograph Fuzzy Controller）的输入值是负载计算器的计算结果和检测到的发动机实际转速，输出值是油门开度。其方框图如图 4 – 15 所示。

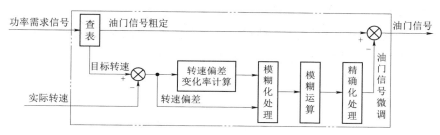

图 4 – 15　模糊油门控制器方框图

　　本书在挖掘机外负载功率需求实时计算的基础上，对发动机油门开度实行动态调节，使发动机经常工作在最低油耗区，即最低油耗曲线附近，在保证挖掘机动力性的同时实现经济性。其理想调节曲线如图 4 – 16 所示。

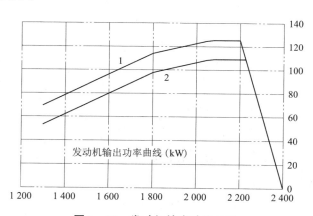

图 4 – 16　发动机输出功率曲线

在图 4 – 16 中，图线 1 为发动机外特性曲线，对应某一油门开度下的最大功率；图线 2 为发动机经济功率曲线，对应某一油门开度下最低油耗点处的输出功率。

在实际应用中，发动机工作在经济功率曲线附近的一个区间范围内，该区间范围的转速宽度即为发动机的调节精度，现确定为 ±100 r/min。在比油耗曲线上的最低油耗点 ±100 r/min 范围内，油耗的变化很小，经济性对转速不敏感。

如何实现油门开度的在线调节并对发动机进行新型转速感应控制，是挖掘机动力系统功率自适应控制的核心内容。

下面详细介绍模糊油门控制器（Accelerograph Fuzzy Controller）的实现过程。

由模糊油门控制器的方框图可知，其主要组成模块包括：转速偏差变化计算模块；输入量的模糊化处理模块；模糊推理和模糊决策模块；模糊数据精确化处理模块。

1）转速偏差及其变化计算

转速偏差是发动机实际转速与目标转速的偏差。转速偏差变化是指相邻两个采样点的转速偏差，其计算公式如下：

$$e = n_1 - n_0 \qquad\qquad (4-2)$$

$$e_c = n_2 - n_1 \qquad\qquad (4-3)$$

式中　e——发动机转速偏差；

　　　e_c——转速偏差变化；

　　　n_0——发动机目标转速；

　　　n_1——发动机在 t_1 时刻的转速；

　　　n_2——发动机在 t_2 时刻的转速（$t_1 < t_2$）。

2）输入数据的模糊化处理

模糊控制器的输入量和输出量的确定：

模糊控制器的输入量确定为发动机转速偏差 e 和偏差变化 e_c，输出量为发动机油门信号增量 u。转速偏差 e 的基本论域为 $[-200,$ $200]$，转速偏差变化 e_c 的基本论域为 $[-50, 50]$。

输入量的模糊语言变量分别为 E 和 EC，输出量的模糊语言变量为 U，模糊量 E、EC、U 的基本论域均为 $[-6, -5, -4, -3, -2, -1, 0, +1, +2, +3, +4, +5, +6]$，模糊量 E、EC、U 的模糊变量均赋值为 [NL、NM、NS、O、PS、PM、PL]。

各语言变量在其论域上的隶属函数确定：

模糊控制的实践证明，模糊控制过程对语言变量隶属函数的形状不敏感，对隶属函数的范围有一定的敏感性，本书选择三角形隶属函数，其形状如图 4-17 所示。

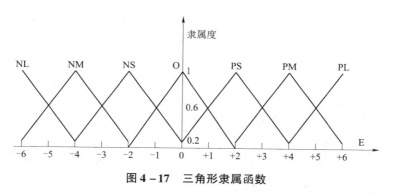

图 4-17　三角形隶属函数

根据此隶属度函数图形可以建立语言变量的赋值表。

3）模糊推理与模糊决策

模糊控制规则确定：模糊推理和决策是控制过程中的经验总结。模糊油门控制器的模糊规则见表 4-3。

表 4-3　模糊油门控制器的模糊规则

U	E						
EC	NL	NM	NS	O	PS	PM	PL
NL	PL	PL	PL	PM	PS	PS	O

U	E						
NM	PL	PL	PM	PM	PS	O	PS
NS	PL	PL	PM	PS	NS	NM	NL
O	PL	PM	PS	O	NS	NM	NL
PS	PL	PM	PS	NS	NM	NL	NL
OM	PS	O	NS	NM	NM	NL	NL
PL	O	NS	NS	NM	NL	NL	NL

4）模糊决策的精确化处理

由误差 E_1 和误差变化 E_{C1} 通过模糊控制算法求得的 U_1 是模糊量，必须把模糊量转换为精确量 u 用来执行控制。本书采用加权平均法计算执行量 u，公式如下：

$$u = \sum u\ (x_i)\ x_i / \sum u\ (x_i) \tag{4-4}$$

式中　x_i——论域元素；

　　　$\sum u\ (x_i)$——相应于 x_i 的隶属度。

5）控制表的获取

对于任意的误差 E_1 和误差变化 E_{C1}，均有唯一的 U_1 与其对应。据此可以列出模糊控制器的控制表，如表4-4所示。

表4-4　模糊控制器的控制

u		e												
		-6	-5	-4	-3	-2	-1	0	1	2	3	4	5	6
e_c	-6	6	5	5	5	5	5	4	3	2	2	1	1	0
	-5	6	5	5	4	4	4	4	3	2	1	1	0	-1
	-4	6	5	5	4	4	4	3	2	0	0	-1	-1	-2
	-3	6	5	5	4	4	3	3	1	-1	-1	-2	-3	-3

u		e												
		-6	-5	-4	-3	-2	-1	0	1	2	3	4	5	6
e_c	-2	5	5	5	4	4	3	2	0	-2	-2	-2	-4	-4
	-1	5	4	4	4	3	2	1	0	-3	-3	-3	-4	-5
	0	5	4	4	3	3	1	0	-1	-3	-3	-4	-4	-5
	1	5	4	3	3	3	0	-1	-2	-3	-4	-4	-4	-5
	2	4	4	2	2	2	0	-2	-3	-4	-4	-5	-5	-5
	3	3	3	2	1	1	-1	-3	-3	-4	-4	-5	-5	-6
	4	2	1	1	0	0	-2	-3	-4	-4	-4	-5	-5	-6
	5	1	0	-1	-1	-2	-3	-4	-4	-4	-4	-5	-5	-6
	6	0	-1	-1	-2	-2	-3	-4	-5	-5	-5	-5	-5	-6

　　模糊油门控制器的建造是离线进行的，模糊控制器的建造结果是取得控制表，控制表以查询表的形式存储在控制器中。在进行挖掘机模糊油门控制时，对于给定的转速偏差和转速偏差变化，只要对其进行模糊化处理并查表，即可得到模糊控制变量，该模糊变量精确化后直接控制油门电动机。

　　控制过程的具体实施过程如下：

　　控制器将采样与变换得到的转速偏差 e 和转速偏差变化 e_c，分别乘以量化因子 $k_e = 6/a$ 和 $k_{ec} = 6/b$，得到查表所需的论域元素 e 和 e_c，查控制表得到控制变量 u，乘以比例因子 $c/6$，便得到实际的控制步进电动机的控制增量。

　　影响模糊油门控制器性能的主要因素是输入输出变量 e、e_c 的基本论域范围和模糊控制表中 u 的取值。上述控制参数将在样机试验中验证和修订。

4.3 工作装置动力总成的匹配与控制试验分析

一、试验情况报告

挖掘机液压系统的节能措施在 SY200 – 5 上实施并试验，发动机自动怠速改进和最高转速控制措施在客户挖掘机上实施并进行挖掘装车试验。

试验方案、原始测试数据、试验照片附后。

附表（见表 4 – 5）：SY220C5 油耗情况数据

附表（见表 4 – 7）：主泵排量正控制油耗试验数据

附表（见表 4 – 8）：改进自动怠速和转速控制油耗试验数据

二、计算过程

SY220C5 油耗情况数据见表 4 – 5。

表 4 – 5　SY220C5 油耗情况数据

测试机号	SY220C5	测试时间	2011 – 6 – 5	测试地点	星沙圣力华苑工地
单位土方油耗/（L·m³）	0.162				
试验方案：挖一条长 20 m、宽 2 m、深 2m 的标准沟。					

计算过程如下：

2011 年 6 月在星沙工地的测试数据见表 4 – 6。

单位土方油耗 = 1/单位燃油挖土量，将表 4 – 6 中单位燃油挖土量 6.17 m³/L 换算成单位土方油耗为 0.163 02 L/m³。

主泵排量正控制油耗试验数据见表 4 – 7。

表 4 - 6　测试数据

挖掘机型号	SY220C5
耗油率/（L·h⁻¹）	22.87
比油耗/（g·kW·h⁻¹）	140.46
单位燃油挖土量/（m³·L⁻¹）	6.13
每个循环挖土量/m³	0.68
实际平均生产率/（m³·h⁻¹）	141.2

表 4 - 7　主泵排量正控制油耗试验数据

测试机号	200 - 570	测试时间	2011 - 06 - 08	测试地点	三一工业城后
直接测量数据					
用时/min	68	斗数	119	液面高度/mm	515/474
计算数据					
单位土方油耗/（L·m⁻³）	0.152	比 SY220C5 油耗降低：6.3%			
试验方案：挖一条长 20 m、宽 2 m、深 2 m 的标准沟。					

表 4 - 8　改进自动怠速和发动机转速控制试验数据

测试机号	310	测试时间	2011 - 08 - 10	测试地点	重庆工地
测量数据					
原小时油耗/（L·h⁻¹）	35.9	现小时油耗/（L·h⁻¹）	32.5		
计算数据					
油耗降低	8.6%	降功率导致油耗降低	5.0%	转速控制导致油耗降低	3.6%
试验方案：同一工地、同一工况装车对比试验，匹配功率降低 8 kW 后小时装车数无明显变化。					

计算过程如下：

2011 年 6 月在长沙工地的原始测试数据如下：

挖掘土方 80 m³，用时 68 min，挖掘斗数 119 斗，挖掘前燃油液面高度 515 mm，挖掘后燃油液面高度 474 mm，如图 4 - 18 所示。

燃油箱在 474 ~ 515 mm 高度之间截面积无变化，截面积为 297 708 mm³，计算得用油量为

$$[297\ 708 \times (515 - 474)] / 1\ 000\ 000 = 12\ 206\ 028 / 1\ 000\ 000 = 12.2\ (L)$$

单位土方油耗为

$$12.2 / 80 = 0.152\ (L/m^3)$$

与 SY220C5 相比，单位土方油耗下降了：

$$(0.163 - 0.152) / 0.163 = 6.8\%$$

2011 年 8 月，在重庆工地上 LSY831A03060020 挖掘机电控程序加入节能控制模块，测试数据如下：

试验工况：挖掘装车，发动机转速保持在 2 100 r/min，改进前油耗为 35.9 L/min。

节能电控程序内容包括：改进发动机自动怠速控制，限制发动机空载最高转速，液压泵匹配功率降低 8 kW。其中降低功率 8 kW 不属于节能措施。

改进后油耗 32.8 L/min，小时装车数无变化，挖掘装车速度无变化。

在降低的油耗中，有一部分是降低功率导致的，这部分不属于节能的效果，该部分计算如下：

康明斯 QSB5.9 - 240 发动机在 2 100 r/min 下的比油耗为 215 g/kWh，8 kWh 耗油量为

$$205 \times 8 / 1\ 000 = 1.72\ (kg)\ = 2.097\ L/h$$

其中，柴油密度按 0.82 kg/L 计算。

则节能措施导致的油耗下降为

图 4 – 18　挖沟 2 m × 2 m × 20 m 试验照片

$$35.9 - 32.5 - 2.097 = 1.303\ (\text{L/h})$$

能耗降低了：

$$1.303/35.9 = 0.036 = 3.6\%$$

三、试验结论

本书针对中型液压挖掘机进行了节能研究，分析了液压挖掘机的作业环境和作业质量要求，提出了基于作业质量和作业效率的节能目标；分析了液压挖掘机工作过程的功率传递和转换过程，根据功率的传递过程和动态匹配要求提出了全局节能理念和方法。在发动机功率和转速控制、液压泵功率和排量控制、液压系统的流量分配和功率匹配控制等元件层提出了节能控制目标和改进方法；在动力提供单元、动力控制单元和动力使用单元的系统层提出了最优控制目标和节能措施；在挖掘机与作业环境的相互作用、挖掘机的作业效率等全局层提出了最高作业效率与最低能耗的节能目标和控制方法，使挖掘机的节能控制与作业效率相结合，达到了挖掘机节能控制在理念和方法上的新高度，并通过试验验证了这些节能理念和方法的有效性。试验数据说明，挖掘机主泵排量正控制实现节能 6.8%，改进自动怠速和转速限制控制实现节能 3.6%，共计实现节能 10.4%。

第五章　工程机械数字液压
控制新技术

5.1 工程机械数字液压技术概述

随着计算机技术的发展，液压系统中数字技术的应用领域得到不断拓展。从 20 世纪 90 年代开始，人类已经进入了数字化、信息化、知识化时代。数字技术的数学基础——离散数学、逻辑数学等，早在 17、18 世纪就已经出现，但是发展成为数字技术并付诸实用，则是在微电子技术和器件的发展之后。20 世纪 60 年代是以使用电子管为主的时期，这时要在液压系统中大量采用数字技术是有困难的，主要是因为设备庞大、功率损耗很多，系统可靠性和稳定性也不易满足要求。随着半导体器件、集成器件和超大规模集成器件的出现，数字技术在液压系统中的应用迅速而又普遍地发展起来。

近几年，由于微型计算机的发展和提高，特别是单板机、单片机低廉的价格，为液压系统的数字化提供了必要的条件，使数字技术已应用于液压的诸多方面，并且在不断地开拓着新的应用领域。数字技术在液压系统的应用主要体现在直接数字控制（DDC）、计算机辅助设计（CAD）和计算机辅助测试（CAT）等方面。本书主要介绍直接数字控制在工程机械液压系统上的应用新技术。

为了能使液压系统实现高速、高效及高可靠性，需研制将电信号转换为液压输出的、性能好的数字元件。这种数字液压元件通过把电子控制装置安装于传统阀、缸或泵内，并进行集成化处理（如把传感器集成于液压缸的活塞杆上），形成了种类繁多的数字元件，如数字阀、数字缸、数字泵等，由数—模转换元件直接与计算机相连，利用计算机输出的脉冲数与频率来控制电液系统的压力和流量。

1. 数字控制阀

液压系统中采用的数字控制阀可分为模拟式阀、组合式数字阀、步进式数字阀及高速开关阀等类型。

（1）模拟式阀需要进行数模和模数的反复转换，也常采用脉宽调制式控制，是一种间接式的数字控制。

（2）组合式数字阀是由成组的普通电磁阀和压力阀或流量阀组成的数字式压力或流量阀。

电磁阀接受由微机编码的、经电压放大后的二进制电压信号，省去了昂贵的 D/A 转换装置。

（3）步进式数字阀采用步进电动机作为电—机械转换元件，将输入信号转换为与步数成比例的阀输出信号。这类阀具有重复精度高、无滞环、无须采用 D/A 转换和线性放大器等优点；但由于它的响应速度慢，对于要求快速响应的高精密系统，需要采用模拟量控制方式。

（4）高速开关阀采用脉冲调制法来达到流量控制的目的。一般的脉冲调制法有以下几种：控制脉冲宽度的脉宽调制法（PWM），控制脉冲交变频率的脉冲频率调制法（PFM），脉冲数调制法（PNM），控制脉冲振幅的脉冲振幅调制法（PAM），以及用 1 或 0 将 PNM 的脉冲数分段并符号化的脉冲符号调制法（PCM）等，而开关阀常用时间比率式脉宽调制的方法。

2. 数字液压执行元件

数字液压缸是增量式数字控制电液伺服元件，即一种将控制步进电动机的电信号转换为机械位移的转换元件。步进电动机可以采用微计算机或可编程控制器（PLC）进行控制。其工作原理是微机发出控制脉冲序列信号，经驱动电源放大后驱动步进电动机运动；微机通过控制脉冲来控制步进电动机的转速，从而就控制了电液步进液压缸的运动。电液步进液压缸的位移与控制脉冲的总数成正比，而电液步进液压缸的运动速度与控制脉冲的频率成正比。

数字式液压电动机是增量式数字控制电液伺服元件，由步进电动机和液压扭矩放大器组成，其输出扭矩可达几十至上百 N·m，是普通步进电动机的几百至一千倍。其中，液压扭矩放大器是一个直接反馈式液压伺服机构，由四边滑阀、液压电动机和反馈机构组成。其工作原理是当步进电动机在输入脉冲的作用下转过一定的角度时，经齿轮带动滑阀的阀芯旋转，由于液压电动机此时尚未转动，因此使滑阀的阀芯产生一定的轴向位移，阀口打开，压力油进入电动机使电动机转动，同时反馈螺母的转动使滑阀的阀芯退到零位，电动机停止运动。如果连续输入脉冲，电液步进电动机即按一定的速度旋转，改变输入脉冲的频率即可改变电动机的转速。

还有一种新型的液压控制元件——数字化的电液集成块，以此作为基本元件构成的电液集成控制系统在电控功率上与微机输出易于匹配，且成本低。因此，使得液压控制系统广泛采用微机控制成为可能。其数字控制系统兼有电气系统对信号检测、处理快捷方便，计算机控制方式灵活，液压控制功率大、结构紧凑、响应快等多重优点。

5.2　数字液压元件设计和系统测试技术

一、新型数字控制流量阀的研究

电液式恒应力压力试验机主要用于材料抗压强度的测量，抗压试验要求试验机必须具备恒应力加载的能力，并且要求工作液压缸从零压开始均匀加载，对系统的控制精度要求很高，尤其对系统的流量脉动和压力脉动要求更高。针对压力试验机液压控制系统的上述要求，设计了一种试验机专用的数字控制流量阀，该阀由一只节流阀和一只等差减压阀组合而成（见图 5-1），通过调整节流阀的输出流量来控制液压缸的输出压力，取得了非常好的效果。节流阀为三通转阀式结构，采用等差减压阀对节流口进行补偿，不仅提高了流量的控制精度，还起到消除系统压力脉动的作用。该阀以二相混合式步进电动机为电—机械转换元件，针对试验机的特点，专门设计了步进电动机的连续细分控制技术，实现了直接数字方式控制，消除了阀的滞环，提高了控制精度和抗干扰能力。

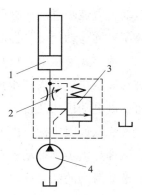

图 5－1　试验机液压系统原理

1—液压缸；2—节流阀；
3—等差减压阀；4—液压泵

1. 结构原理

图 5－2 所示为阀的结构原理，该阀由步进电动机、齿轮传动机构节流阀（主阀）和等差减压阀（先导阀）组成。传动机构由一对齿轮组成，传动比 $i=6$，设计这样的结构，不仅解决了步进电动机与主阀阀芯直接连接时同轴度的要求，减小了加在电动机上的有效负载转矩，保证了电动机的输出特性，同时还有效地减小了阀芯的位置误差，提高了控制精度。

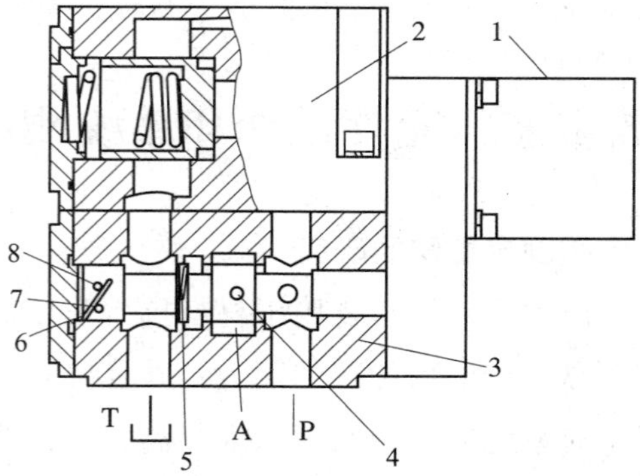

图 5－2　阀的结构原理

1—步进电动机；2—先导阀；3—主阀；4—圆管（固定阻力）；
5—阻尼槽（可变阻力）；6—螺旋槽；7—高压机；8—低压孔

主阀为三通转阀式结构，考虑到径向力平衡关系，设计中采用了对称开口结构，在阀芯上开有一对与泵出口相通的 P 口和一对与油箱相通的 T 口，在阀套上开有一对与工作液压缸相通的 A 口。先导阀采用滑阀式全开口结构，有效地降低了系统的压力脉动，提高了系统压力补偿的精度；先导阀前腔与主阀 P 腔相通，后腔与主阀 A 腔相通。当主阀阀芯处于零位时，节流阀的 A 口与 T 口、A 口与 P 口均处于截止状态，此时先导阀的阀口打开，泵的输出流量通过先导阀流回油箱。当步进电动机从零位开始顺时针进给时，P 口与 A 口导通，同时，先导阀开始工作，步进电动机带动主阀阀芯调节主阀阀口的过流面积，通过控制输出流量来控制液压缸负载腔的压力。当步进电动机从零位开始逆时针进给，P 口与 T 口导通，泵的输出流量直接通过 T 口回油箱，此时先导阀处于关闭状态。主阀在小开口区域设计了非线性开口，提高了阀零位附近小流量区域的控制精度。当主阀处于工作位置时，先导阀的压力补偿功能使得阀口的过流流量不受负载变化的影响，保证了主阀节流口过流面积和输出流量的线性关系。

2. 步进电动机的控制原理

利用一种基于 PWM 的多倍细分技术，实现了步进电动机输出角位移的连续跟踪控制，该控制算法被固化在步进电动机控制器中。

在步进电动机的控制中，在每次输入脉冲切换时，如果只改变对应绕组中额定电流的一部分，则转子相应的每步转动也只会是原有步距角的一部分，额定电流分成多少个级别进行切换，转子就以多少步来完成原有的步距角。因此，通过控制绕组中电流的数值就可以调整电动机步距的大小，也就可以把步距角分成若干细分步数来完成。

步进电机细分后的步距角：

$$\Delta \delta = \frac{\delta}{N} \tag{5-1}$$

式中 N——细分步数；

δ——步进电动机步距角。

第 i 周期的输入角位移 $\theta\ (iT)$ 与第 $i-1$ 周期的输入角位移 θ [$(i-1)\ T$] 之间的关系可表示为：

$$\theta\ (iT) - \theta\ [\ (i-1)\ T\ ] = m_i \times \delta + n_i \times \Delta\delta \qquad (5-2)$$

从式（5 - 2）可以看出，步进电动机转子两个周期之间的输出角位移可以通过完成 m_i 个步距角和 n_i 个细分步数来实现。

利用这个方法，不仅提高了步进电动机的输出精度，获得了步进电动机角位移的连续输出，而且不会降低步进电动机的响应频率。

图 5 - 3 所示为控制程序设计框图。为了保证主阀在初始位置始终处于零位，每次控制器开机时即自动对阀芯进行初始化，此时阀芯处于零位，对应的步进电动机也处于零位，等待读取输入角位移信号。

当第一个周期的信号 $\theta\ (T)$ 送到后，可以得到与零位比较后的 m_1 和 n_1，当 $m_1 \neq 0$ 时，首先送出 m_1，然后送出 n_1；当 $m_1 = 0$ 时，直接送出 n_1。第 i 个周期与第 $i-1$ 个周期的情况也是一样。

3. 阀的静态特性

图 5 - 4 所示为阀的流量—压力特性曲线，图 5 - 4（a）所示为阀在小流量工作区域的流量—压力特性曲线，图 5 - 4（b）所示为阀在大流量工作区域的流量—压力特性曲线，从试验曲线可以看出，该阀具有较好的抗负载变化能力及非常小的稳定流量（8 mL/min）。

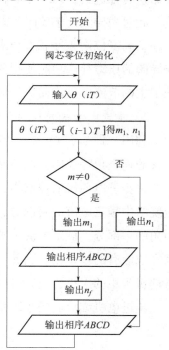

图 5 - 3 控制程序框图

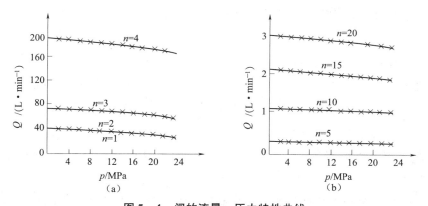

图 5 - 4　阀的流量—压力特性曲线

（a）在小流量工作区域的流量；（b）在大流量工作区域的流量

图 5 - 5 所示为阀的输入输出特性，图 5 - 5（a）所示为不带齿轮传动机构间隙补偿功能的输入输出曲线，图 5 - 5（b）所示为带间隙补偿的输入输出曲线。

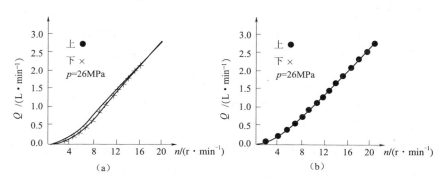

图 5 - 5　阀的输入输出特性曲线

（a）不带间隙补偿；（b）带间隙补偿

从图 5 - 5 中可以看出，在小流量区域，其流量呈非线性变化，这主要是由于在该工作区域，阀口为圆弧形所致。从图 5 - 5（a）中可以看出，在大流量区域，阀的输入输出曲线明显存在滞环，这种现象的出现，主要是因为在阀的齿轮传动机构中存在间隙，图 5 - 5（b）

所示为进行齿轮间隙补偿后阀的输入输出曲线。

4．性能特点和技术参数

步进电动机是一种将电脉冲信号转换成相应的角位移信号的机电元件，频响特性高，可靠性好，其步距角不受各种干扰的影响，且具有误差不长期积累的特点。采用步进电机作为驱动元件，与传统的模拟量控制元件相比，具有重复精度高、无滞环和直接数字控制等特点。同时，在该阀的设计中还引入了以下控制概念：

（1）零位初始化控制。在控制器打开电源的瞬间，节流阀阀芯自动到零位。

（2）断电保护功能。在控制器突然断电时，控制器中的蓄能元件在瞬间控制阀芯回零位。

（3）间隙补偿功能。控制器内部固化程序自动对传动机构中的间隙进行补偿。

研究表明，该阀采用直接数字方式控制，具有良好的流量特性和较高的频响特性，完全能够满足恒应力压力试验机要求。目前，该阀已实现了产业化，有 1 500 多套在全国各地使用。

数字技术的飞速发展，极大地带动液压行业开辟了诸多新兴的研究领域。为了实现信号检测和处理快捷方便、灵活可靠、结构紧凑、响应快等，对已有的液压元件通过模拟流量控制或脉冲流量控制的方式，组成数字液压元件，实现计算机直接或间接控制系统的压力和流量；对于新设计的系统，通过仿真验证系统控制方案的可行性，研究系统结构参数对动态性能的影响；或运用虚拟样机技术，使数字化模型实现无纸化设计；在液压系统的性能测试方面，利用计算机和相关软件，实现了元件的动、静态特性的自动测试，减少了元件的测试误差和周期，有利于液压产品的开发和维护。

二、数字液压系统的测试和试验方案

本试验大纲规定了电液伺服执行系统的工程机械工况适应性试验的测试目的、测试条件、测试项目和测试方法，试验结果数据和结论对电液伺服执行机构的改进与使用提供了措施和方法的指导。

1. 测试目的

本试验大纲所规定的测试内容是在电液伺服执行机构的型式试验以后的系统级试验和适应性试验。

本试验大纲所规定的测试内容旨在测试电液伺服执行器在负载工况下的外部特性表现和控制特性表现、多执行器同步带载工况下的外部特性表现和控制特性表现、多执行器并联时的压力干涉特性和流量共享特性表现、电液伺服执行器的容错性表现以及控制软件的补偿和修正能力表现。

2. 测试条件

（1）被测试的液压元件应符合《GB/T 7935—2005 液压元件通用技术条件》的要求。

（2）被试液压元件的基本参数、安装尺寸和连接件的尺寸应符合相关国家标准或国际标准的要求。

（3）液压元件的壳体应消除内应力，无影响使用的工艺缺陷；壳体表面光滑平整，无外观缺陷。

（4）液压元件的内腔和流道内不应有残留的铁屑、金属颗粒、杂质和其他污染物。

（5）液压零部件在装配前应进行清洗，不应带有任何杂质；装配时，不应使用棉纱、纸张等纤维易脱落的物品擦拭壳体内腔、配合表面和流道。

（6）所有元件的连接油口附近应清晰可靠地表示该油口的功能符号，一般油口的功能标示符号为：P—压力油口，T—回油口，A、B—工作油口，L—泄漏油口，X、Y—控制油口。

油口标示应清晰，不得使用易溶化的信号笔进行标示；油口标示应可靠，不得使用易脱落的标签进行标示。

（7）测量准确度按照《GB/T 7935—2005 液压元件通用技术条件》中 B 级测量准确度要求执行，即压力测量误差为 ±1.5%，流量测量误差为 ±1.5%，温度测量误差为 ±1.0%，扭矩测量误差为 ±1.0%，转速测量误差为 ±1.0%。

（8）测量现场的气温应为 10 ℃~30 ℃，液压油温度应为 40 ℃~60 ℃。

（9）测试用液压油牌号为 HM46 抗磨液压油，液压油清洁度应达到 NAS7 级及以上，液压油应清亮透明，无乳化、气泡、变质等。

3．测试项目

在对电液执行器进行动作测试时，需要实现的动作项目的含义规定如下：

（1）匀速动作：在试验系统允许的速度范围内，控制电液执行器按照某一恒定速度运动。

（2）加速动作：在试验系统允许的速度范围内，控制电液执行器的速度按照预定的规律增加。

（3）减速动作：在试验系统允许的速度范围内，控制电液执行器的速度按照预定的规律降低。

（4）变速动作：在试验系统允许的速度范围内，控制电液执行器的速度按照预定的规律变化。

（5）点动作：在试验系统允许的速度范围内，控制电液执行器进行微动作。

（6）最大速度动作：在试验系统允许的速度范围内，控制电液执行器按照最大稳定速度动作。

（7）最小速度动作：在试验系统允许的速度范围内，控制电液执行器按照最低稳定速度动作。

（8）给定位移动作：在试验系统允许的位移范围内，控制电液执行器按照给定的位移动作。

（9）回原点动作：在试验系统允许的位移范围内，控制电液执行器回到位移零点的动作。

（10）定点往复动作：在试验系统允许的位移范围内，控制电液执行器在给定的位移范围内往复动作。

4．测试方法

1）单执行器负载试验

（1）稳态负载工况试验。

稳态负载包括重力负载和惯性负载，稳态负载产生的液压系统压力的最大值应能达到电液执行器的额定压力。

测试时，电液执行器驱动稳态负载进行匀速动作、加速动作、减速动作、变速动作、点动作、最大速度动作、最小速度动作。控制电液伺服执行器给定位移动作、定点往复动作和回原点动作。

电液执行器按照预定的试验项目动作时，记录电液执行器的给定位置数据和实际位置数据、给定速度和实际速度数据；检测并记录液压系统的压力信号、温度信号和电动机转速信号等。

（2）缓变负载工况试验。

缓变负载是指负载随系统固有特性逐渐变化的负载。缓变负载产生的液压系统压力的最大值应能达到电液执行器的额定压力。

测试时，电液执行器驱动缓变负载进行匀速动作、加速动作、减速动作、变速动作、点动作、最大速度动作、最小速度动作。控制电液伺服执行器给定位移动作、定点往复动作和回原点动作。

电液执行器按照预定的试验项目动作时，记录电液执行器的给定位置数据和实际位置数据、给定速度和实际速度数据；检测并记录液压系统的压力信号、温度信号和电动机转速信号等。

（3）突变负载工况试验。

突变负载是指负载随系统固有特性突然变化的负载。突变负载产生的液压系统压力的最大值应能达到电液执行器的额定压力。

测试时，电液执行器驱动突变负载进行匀速动作、加速动作、减速动作、变速动作、点动作、最大速度动作、最小速度动作。控制电液伺服执行器给定位移动作、定点往复动作和回原点动作。

电液执行器按照预定的试验项目动作时，记录电液执行器的给定位置数据和实际位置数据、给定速度和实际速度数据；检测并记录液压系统的压力信号、温度信号和电动机转速信号等。

（4）交变负载工况试验。

交变负载是指负载随系统固有特性交替变化的负载。交变负载产生的液压系统压力的最大值应能达到电液执行器的额定压力。

测试时，电液执行器驱动缓变负载进行匀速动作、加速动作、减速动作、变速动作、点动作、最大速度动作、最小速度动作。控制电液伺服执行器给定位移动作、定点往复动作和回原点动作。

电液执行器按照预定的试验项目动作时，记录电液执行器的给定位置数据和实际位置数据、给定速度和实际速度数据；检测并记录液压系统的压力信号、温度信号和电动机转速信号等。

（5）负载和负负载交替工况试验。

负负载是指负载的运动方向与执行器的运动方向相同的负载。负载循环中最大负载产生的液压系统压力应能达到电液执行器的额定压力。

测试时，电液执行器驱动负载和负负载进行匀速动作、加速动作、减速动作、变速动作、点动作、最大速度动作、最小速度动作。控制电液伺服执行器给定位移动作、定点往复动作和回原点动作。

电液执行器按照预定的试验项目动作时，记录电液执行器的给定位置数据和实际位置数据、给定速度和实际速度数据；检测并记录液压系统的压力信号、温度信号和电动机转速信号等。

2）多执行器负载试验

（1）稳态负载与稳态负载组合工况试验。

采用两个电液执行器各自加载，并联连接，分别控制。采用同一个液压动力源驱动。

测试时，两个电液执行器分别驱动稳态负载和稳态负载进行匀速动作、加速动作、减速动作、变速动作、点动作、最大速度动作、最小速度动作。控制两个电液伺服执行器给定位移动作、定点往复动作和回原点动作。

电液执行器按照预定的试验项目动作时，记录电液执行器的给定位置数据和实际位置数据、给定速度和实际速度数据；检测并记录液压系统的压力信号、温度信号和电动机转速信号等。

（2）稳态负载与缓变负载组合工况试验。

采用两个电液执行器各自加载，并联连接，分别控制。采用同一个液压动力源驱动。

测试时，两个电液执行器分别驱动稳态负载和缓变负载进行匀速动作、加速动作、减速动作、变速动作、点动作、最大速度动作、最小速度动作。控制两个电液伺服执行器给定位移动作、定点往复动作和回原点动作。

电液执行器按照预定的试验项目动作时，记录电液执行器的给定位置数据和实际位置数据、给定速度和实际速度数据；检测并记录液压系统的压力信号、温度信号和电动机转速信号等。

（3）缓变负载与缓变负载组合工况试验。

采用两个电液执行器各自加载，并联连接，分别控制。采用同一个液压动力源驱动。

测试时，两个电液执行器分别驱动缓变负载和缓变负载进行匀速动作、加速动作、减速动作、变速动作、点动作、最大速度动作和最小速度动作。控制两个电液伺服执行器给定位移动作、定点往复动作和回原点动作。

电液执行器按照预定的试验项目动作时，记录电液执行器的给定位置数据和实际位置数据、给定速度和实际速度数据；检测并记录液压系统的压力信号、温度信号和电动机转速信号等。

（4）稳态负载与突变负载组合工况试验。

采用两个电液执行器各自加载，并联连接，分别控制。采用同一个液压动力源驱动。

测试时，两个电液执行器分别驱动稳态负载和突变负载进行匀速动作、加速动作、减速动作、变速动作、点动作、最大速度动作、最小速度动作。控制两个电液伺服执行器给定位移动作、定点往复动作和回原点动作。

电液执行器按照预定的试验项目动作时，记录电液执行器的给定位置数据和实际位置数据、给定速度和实际速度数据；检测并记录液压系统的压力信号、温度信号和电动机转速信号等。

（5）缓变负载与突变负载组合工况试验。

采用两个电液执行器各自加载，并联连接，分别控制。采用同一个液压动力源驱动。

测试时，两个电液执行器分别驱动缓变负载和突变负载进行匀速动作、加速动作、减速动作、变速动作、点动作、最大速度动作、最小速度动作。控制两个电液伺服执行器给定位移动作、定点往复动作和回原点动作。

电液执行器按照预定的试验项目动作时，记录电液执行器的给定位置数据和实际位置数据、给定速度和实际速度数据；检测并记录液压系统的压力信号、温度信号和电动机转速信号等。

（6）突变负载与突变负载组合工况试验。

采用两个电液执行器各自加载，并联连接，分别控制。采用同一个液压动力源驱动。

测试时，两个电液执行器分别驱动突变负载和突变负载进行匀速动作、加速动作、减速动作、变速动作、点动作、最大速度动作、最小速度动作。控制两个电液伺服执行器给定位移动作、定点往复动作和回原点动作。

电液执行器按照预定的试验项目动作时，记录电液执行器的给定位置数据和实际位置数据、给定速度和实际速度数据；检测并记录液压系统的压力信号、温度信号和电动机转速信号等。

（7）交变负载与稳态负载组合工况试验。

采用两个电液执行器各自加载，并联连接，分别控制。采用同一个液压动力源驱动。

测试时，两个电液执行器分别驱动稳态负载和交变负载进行匀速动作、加速动作、减速动作、变速动作、点动、最大速度动作、最小速度动作。控制两个电液伺服执行器给定位移动作、定点往复动作和回原点动作。

电液执行器按照预定的试验项目动作时，记录电液执行器的给定位置数据和实际位置数据、给定速度和实际速度数据；检测并记录液压系统的压力信号、温度信号和电动机转速信号等。

（8）交变负载与缓变负载组合工况试验。

采用两个电液执行器各自加载，并联连接，分别控制。采用同一个液压动力源驱动。

测试时，两个电液执行器分别驱动交变负载和缓变负载进行匀速动作、加速动作、减速动作、变速动作、点动作、最大速度动作、最小速度动作。控制两个电液伺服执行器给定位移动作、定点往复动作和回原点动作。

电液执行器按照预定的试验项目动作时，记录电液执行器的给定位置数据和实际位置数据、给定速度和实际速度数据；检测并记录液压系统的压力信号、温度信号和电动机转速信号等。

（9）交变负载与突变负载组合工况试验。

采用两个电液执行器各自加载，并联连接，分别控制。采用同一个液压动力源驱动。

测试时，两个电液执行器分别驱动交变负载和突变负载进行匀速动作、加速动作、减速动作、变速动作、点动作、最大速度动作、最小速度动作。控制两个电液伺服执行器给定位移动作、定点往复动作和回原点动作。

电液执行器按照预定的试验项目动作时，记录电液执行器的给定位置数据和实际位置数据、给定速度和实际速度数据；检测并记录液压系统的压力信号、温度信号和电动机转速信号等。

（10）交变负载与交变负载组合工况试验。

采用两个电液执行器各自加载，并联连接，分别控制。采用同一个液压动力源驱动。

测试时，两个电液执行器分别驱动交变负载和交变负载进行匀速动作、加速动作、减速动作、变速动作、点动作、最大速度动作、最小速度动作。控制两个电液伺服执行器给定位移动作、定点往复动作和回原点动作。

电液执行器按照预定的试验项目动作时，记录电液执行器的给定位置数据和实际位置数据、给定速度和实际速度数据；检测并记录液压系统的压力信号、温度信号和电动机转速信号等。

（11）稳态负负载与稳态负载组合工况试验。

采用两个电液执行器各自加载，并联连接，分别控制。采用同一个液压动力源驱动。

测试时，两个电液执行器分别驱动稳态负载和稳态负负载进行匀速动作、加速动作、减速动作、变速动作、点动作、最大速度动作、最小速度动作。控制两个电液伺服执行器给定位移动作、定点往复动作和回原点动作。

电液执行器按照预定的试验项目动作时，记录电液执行器的给定位置数据和实际位置数据、给定速度和实际速度数据；检测并记录液压系统的压力信号、温度信号和电动机转速信号等。

（12）稳态负负载与缓变负载组合工况试验。

采用两个电液执行器各自加载，并联连接，分别控制。采用同一个液压动力源驱动。

测试时，两个电液执行器分别驱动稳态负负载和缓变负载进行匀速动作、加速动作、减速动作、变速动作、点动作、最大速度动作、最小速度动作。控制两个电液伺服执行器给定位移动作、定点往复动作和回原点动作。

电液执行器按照预定的试验项目动作时，记录电液执行器的给定位置数据和实际位置数据、给定速度和实际速度数据；检测并记录液压系统的压力信号、温度信号和电动机转速信号等。

（13）缓变负负载与缓变负载组合工况试验。

采用两个电液执行器各自加载，并联连接，分别控制。采用同一个液压动力源驱动。

测试时，两个电液执行器分别驱动缓变负负载和缓变负载进行匀速动作、加速动作、减速动作、变速动作、点动作、最大速度动作、最小速度动作。控制两个电液伺服执行器给定位移动作、定点往复动作和回原点动作。

电液执行器按照预定的试验项目动作时，记录电液执行器的给定位置数据和实际位置数据、给定速度和实际速度数据；检测并记录液压系统的压力信号、温度信号和电动机转速信号等。

（14）稳态负负载与突变负载组合工况试验。

采用两个电液执行器各自加载，并联连接，分别控制。采用同一个液压动力源驱动。

测试时，两个电液执行器分别驱动稳态负负载和突变负负载进行匀速动作、加速动作、减速动作、变速动作、点动作、最大速度动作、最小速度动作。控制两个电液伺服执行器给定位移动作、定点往复动作和回原点动作。

电液执行器按照预定的试验项目动作时，记录电液执行器的给定位置数据和实际位置数据、给定速度和实际速度数据；检测并记录液压系统的压力信号、温度信号和电动机转速信号等。

（15）缓变负负载与突变负载组合工况试验。

采用两个电液执行器各自加载，并联连接，分别控制。采用同一个液压动力源驱动。

测试时，两个电液执行器分别驱动缓变负负载和突变负载进行匀速动作、加速动作、减速动作、变速动作、点动作、最大速度动作、最小速度动作。控制两个电液伺服执行器给定位移动作、定点往复动作和回原点动作。

电液执行器按照预定的试验项目动作时，记录电液执行器的给定位置数据和实际位置数据、给定速度和实际速度数据；检测并记录液压系统的压力信号、温度信号和电动机转速信号等。

（16）突变负负载与突变负载组合工况试验。

采用两个电液执行器各自加载，并联连接，分别控制。采用同一个液压动力源驱动。

测试时，两个电液执行器分别驱动突变负载和突变负负载进行匀速动作、加速动作、减速动作、变速动作、点动作、最大速度动作、最小速度动作。控制两个电液伺服执行器给定位移动作、定点往复动作和回原点动作。

电液执行器按照预定的试验项目动作时，记录电液执行器的给定位置数据和实际位置数据、给定速度和实际速度数据；检测并记录液压系统的压力信号、温度信号和电动机转速信号等。

（17）突变负负载与突变负负载组合工况试验。

采用两个电液执行器各自加载，并联连接，分别控制。采用同一个液压动力源驱动。

测试时，两个电液执行器分别驱动突变负负载和突变负负载进行匀速动作、加速动作、减速动作、变速动作、点动作、最大速度动作、最小速度动作。控制两个电液伺服执行器给定位移动作、定点往复动作和回原点动作。

电液执行器按照预定的试验项目动作时，记录电液执行器的给定位置数据和实际位置数据、给定速度和实际速度数据；检测并记录液压系统的压力信号、温度信号和电动机转速信号等。

3）容错性试验

（1）流量不足时的工况试验。

采用零负载或小负载工况进行测试。

在不开液压泵的情况下，控制电液伺服执行器以最大速度从零位置动作到最大给定位置，再回到零位置；开启液压泵后，再次控制电液伺服执行器以最大速度从零位置动作到最大给定位置，再回到零位置。

记录电液执行器第二次动作时的给定位置数据和实际位置数据、给定速度和实际速度数据。

（2）压力不足时的工况试验。

采用突变负载工况进行测试。初始负载为无负载或小负载，突变后的负载为较大负载。

调节液压泵的压力到负载突变前后的中间值，如，突变负载为从2 MPa 到 12 MPa，则调节液压泵的压力到 7 MPa。

在小负载下控制电液执行器动作，当运动到半行程时，负载发生突变。负载突变后，液压系统的压力不足以克服负载。

记录电液执行器在整个运动过程中的给定位置数据和实际位置数据、给定速度和实际速度数据，并记录负载的时间特性。

（3）憋压时的工况试验。

采用零负载或小负载工况进行测试。

控制电液执行器运动到极端机械位置，即最大行程位置或最小行程位置，再控制电液执行器向小于最小行程位置或大于最大行程位置运动。

记录电液执行器的给定位置数据和实际位置数据、给定速度和实际速度数据，记录负载的时间特性，记录液压系统的压力数据和电动机转速数据。

5.3　泵车臂架数字液压控制技术

一、泵车臂架数字液压控制系统总体方案设计

本书的开发目标是构建工程机械臂架运动高精度控制系统，具体包括液压系统和电气控制系统。总体方案设计如下：

（1）摒弃传统的臂架姿态直接测量方式，采用油缸行程传感器采集油缸的长度，间接计算臂架的姿态；研究泵车臂架姿态测量方案，针对传统臂架测量方案的不足，开发一种精度高、响应快、适合实现高精度检测和控制的新型测量方案；构建高精度的油缸位置和臂架姿态检测系统，实现液压油缸位置和臂架姿态的精确检测。

（2）开发高精度的液压比例阀，液压阀电磁铁采用高分辨率 PWM 信号的电磁铁，改善电磁铁的温度漂移特性、滞环特性和线性度；研究泵车臂架液压比例阀控制方案，针对现有液压比例阀的缺陷，开发一种高分辨率、高响应、温度漂移小、精度高的液压比例阀方案，实现液压系统流量的高精度控制及油缸速度和位置的高精度控制。

（3）设计电气控制系统，对液压比例阀的流量进行闭环控制，通过压力传感器采集比例阀各油口的压力，根据液压比例阀的输入信号（阀芯行程）和固有特性（流量系数、面积梯度等）实时计算比例阀

的通过流量；通过控制液压比例流量阀实现油缸位置和臂架姿态的精确控制。研究泵车臂架的电气控制方案，通过电控制器对液压阀流量、油缸速度和位置进行实时控制，对操作信号进行响应，开发与液压比例阀系统、臂架姿态检测系统相适应的电气控制方案。

（4）通过仿真实验和实车实验，对新开发的泵车臂架电气、液压控制系统进行建模和仿真实验，通过 AMESim 软件对电液系统进行建模和仿真实验，通过实车测试对系统性能进行验证。进行实车实验，针对实验中发现的问题进行电液控制系统的优化设计，验证前期设计和仿真优化的结果，以达到预期的开发结果。

二、泵车臂架高精度控制系统技术设计

1. 高精度油缸行程传感器的技术方案设计

目前国内泵车臂架姿态测量装置普遍采用倾角传感器。倾角传感器安装在泵车臂架上，可以直接测量臂架的倾角，直观方便，具有较好的稳态性能。倾角传感器采用加速度测量原理，因此其动态性能存在很多不足，主要是信号输出延时大、动态响应速度低。

另外，倾角传感器的测量精度较低。臂架的动作范围较大，角度范围一般为 360°，倾角传感器的角度精度一般为 0.5°，按照臂架长度 50 m 计算，臂架末端的精度为 0.44 m，对臂架末端的位置精度影响显著。

倾角传感器的这些缺陷制约了臂架姿态测量的实时性和准确性。为了开发高精度的臂架控制系统，首先要开发高精度的臂架测量系统。本书摒弃了传统的采用倾角传感器的测量方式，而是采用拉线传感器直接测量油缸的位置。拉线传感器的技术方案设计如下：

拉线位移传感器将机械位移量转换成可计量的、成线性比例的电信号。被测物体产生位移时，拉动与其相连接的钢绳，钢绳带动传感器传动机构和传感元件同步转动；当位移反向移动时，传感器内部的回旋装置将自动收回绳索，并在绳索伸缩过程中保持其张力不变，从而输出一个与绳索移动量成正比例的电信号。

拉线式位移传感器主要由自动回复弹簧、钢绳、轮毂、磁铁以及数据处理单元等部分构成，如图5-6所示。本书主要对所设计的拉线传感器中所用的涡旋弹簧与钢绳进行设计计算与选型。

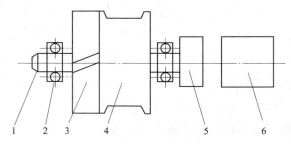

图5-6 拉线式后移传感器结构

1—传动轴；2—轴承；3—自动回复弹簧；4—轮毂；5—磁铁；6—数据处理单元

1）涡卷弹簧设计计算

假设已知涡卷的最小工作转矩 T_1 和工作转数 n，其中，最小工作转矩要大于卷线时拉线回缩的阻力矩与转轴和密封圈的摩擦阻力矩之和，则工作转数

$$n = \frac{L}{\pi d} \tag{5-3}$$

式中 L——量程（mm）；

d——绕线轴的直径（mm）。

假设阻力矩为 $T_f = 100$ N·mm（按出线口拉力为 4 N 计算，同思科 KS60），量程 $L = 2\ 000$ mm，绕线轴直径为 $d = 50$ mm，则工作转数取 $n = 13$。

（1）材料选取。

常用材料为碳素工具钢 T7 ~ T10，通常用来制作弹簧的钢带有弹簧钢、工具钢冷轧钢带、热处理弹簧钢带和汽车车身附件用异形钢丝。

选用 II 级热处理弹簧钢带制作，材质为 T8A，抗拉强度为 1 780 MPa。

（2）计算工作转矩。

涡卷弹簧的力矩特性曲线如图 5 - 7 所示。

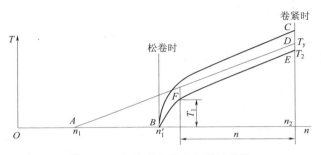

图 5 - 7　蜗卷弹簧的力矩特性曲线

最小工作转矩要大于卷线时拉线回缩的阻力矩与转轴和密封圈的摩擦阻力矩之和，为安全起见，最小工作力矩 T_1 为

$$T_1 = 1.5 \times T_f = 150 \ \text{N} \cdot \text{mm}$$

式中　T_f——阻力矩，$\text{N} \cdot \text{mm}$。

则最大工作转矩

$$T_2 = T_1/0.6 = 250 \ \text{N} \cdot \text{mm}$$

（3）计算弹簧截面尺寸。

宽度 b 由安装涡卷弹簧的尺寸确定，取 $b = 9 \ \text{mm}$，厚度 h 为

$$h = \sqrt{\frac{6T_2}{mb\sigma_b}} \tag{5-4}$$

式中　m——强度系数，与弹簧安装方式有关，取 $m = 0.7$。

将 $m = 0.7$ 代入式（5 - 4）计算得：$h = 0.365 \ 7 \ \text{mm}$，圆整的 $h = 0.4 \ \text{mm}$。（h 根据 GB 3530 圆整）

（4）弹簧的工作长度 L_1。

$$L_1 = \frac{\pi E h n}{m m_4 \sigma_b} = \frac{\pi E h}{m \sigma_b} \ (n_2 - n_1) \tag{5-5}$$

式中　E——弹性模量，$E = 206$ GPa；

　　　n——工作圈数；

　　　m_4——转数 n 的有效系数，由 d/h 确定，如图 $5-8$ 所示；d 为绕弹簧轴的直径，$d = 12$ mm；$d/h = 30$，则 $m_4 = 0.85$；

　　　n_2——弹簧卷紧时的圈数；

　　　n_1——在安装盒内，弹簧松弛下的圈数。

弹簧的工作长度为 3 180 mm。

弹簧总长度为

$$L_1 + 2.5\pi d + 2.5 = 3\ 250\ \text{mm}$$

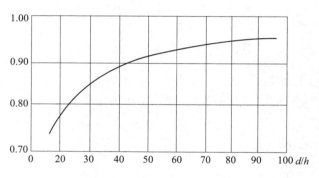

图 $5-8$　有效系数 m_4 取值

（5）其他参数。

弹簧盒内径：

$$D_h = \sqrt{2.55 L_1 h + d^2} = 60\ \text{mm} \tag{5-6}$$

弹簧卷紧在轴上的外直径：

$$D_T = \sqrt{4\frac{L_1 h}{\pi} + d^2} = 42.4\ \text{mm} \tag{5-7}$$

松卷时弹簧内直径：

$$d_T = \sqrt{D_h^2 - 4\frac{L_1 h}{\pi}} = 42.5\ \text{mm} \tag{5-8}$$

弹簧无外加转矩的转数:

$$n_1 = \frac{D_h - d_T}{2h} = 20.4 \qquad (5-9)$$

弹簧卷紧在轴上的转数:

$$n_2 = \frac{D_T - d}{2h} = 38 \qquad (5-10)$$

厚度 h 圆整到 0.4 mm 后,最大工作转矩为 300 N·mm;

采用济南思科 KS60 拉线编码器(量程 2.5 m),主要参数如下:

① 钢丝绳直径 1.0 mm,股数 7×7,不锈钢材质,总长 2 580 mm;

② 绕线轴直径 63 mm,槽宽 13 mm;

③ 绕弹簧轴直径 12 mm,弹簧盒内径 70 mm;

④ 工作转数 $n = 13$。

弹簧转数见表 5-1。

表 5-1　弹簧转数

最小转矩 $T_1/$ (N·mm)	弹簧宽度 /mm	弹簧厚度 h/mm	弹簧总长 L/mm	弹簧盒内径 D_h/mm	n_1	n_2
150	9	0.4	3 250	60	20.4	38
200	9	0.45	3 650	65.8	20.5	39.2
250	9	0.5	4 050	72.8	20.6	40.2
300	9	0.5	4 050	72.8	20.6	40.2

注: n_1—弹簧无外加转矩的转数; n_2—弹簧卷紧在轴上的转数。

2)拉线的选型

安全系数法确定钢丝绳直径:

$$F_0 \geqslant n \cdot f = n\frac{2T_2}{d_x} = 5 \cdot \frac{2 \times 300}{50} = 60 \ (N) \qquad (5-11)$$

式中　F_0——钢丝绳最小破断拉力,kN;

　　　f——钢丝绳最大工作静拉力,kN;

n——安全系数，取 $n = 5$；

T_2——涡卷弹簧的最大工作转矩；

d_x——绕线轴直径。

选取直径 1.0 mm 的 7×7 钢丝绳，材质为不锈钢钢丝绳，公称抗拉强度为 1 870 MPa，最小破断拉力为 1 080 N > 60 N，满足实用要求。

3）拉线出线角校核

钢丝绳在卷筒上缠绕时，希望钢丝绳圈与圈之间不接触，缠绕顺畅，排列整齐；多层缠绕时，排满一层后，再排另一层，层与层之间过渡平稳。但在生产实际中，由于设计、安装等多方面的原因，经常遇到提升钢丝绳在卷筒上不能有序缠绕，出现"咬绳""骑绳""跳绳"以及第二层绳压入第一层绳圈间缝隙内等乱绳现象。

出线角：出线口到卷筒上钢丝绳的最大内偏角不得超过 1°30′。

钢丝绳相对卷筒轴线横截面的角度称为钢丝绳偏角；

单层缠绕时最大内偏角：

$$\alpha = \arctan\left[\frac{(L-30) / \pi D + 3\ (d+\varepsilon)\ -B}{L_x}\right] = 1.4° < 1°30′$$

$$(5-12)$$

式中 L——量程，$L = 2\ 500$ mm；

D——绕线筒直径，$D = 60$；

B——绕线筒内宽，$B = 14$；

d——钢丝绳直径，$d = 1$ mm；

ε——钢丝绳缠在滚筒上的绳圈间隙，$\varepsilon = 0.1$ mm；

L_x——出线弦长，$L_x = 100$ mm。

4）最大加速度

假设最大摩擦阻力矩为 $M = 150$ N·mm；

拉线时，以钢丝绳的最大破断拉力的一半值出线，此时为最大加速度；对绕线筒受力分析，应用动量矩定理知：

$$F \cdot R - T_2 - M = I\partial \qquad (5-13)$$

式中　F——钢丝绳的最大破断拉力，$F = 540$ N；

R——绕线筒半径，$R = 30$ mm；

T_2——弹簧最大力矩，$T_2 = 500$ N · mm；

M——摩擦阻力矩，$M = 150$ N · mm；

I——绕线筒转动惯量，$I = m \times R^2 = 324$ kg · mm^2；

∂——绕线筒角加速度，$\partial = 4\,800$ rad/s^2，最大加速度为 $14.4g$。

若以 1 m/s 收线，需 2 s，收线时，假设最大收线速度为 1 m/s，则角速度为

$$W = \frac{v}{R} = \frac{1\,000}{30} = 33.4 \text{ rad/s} \qquad (5-14)$$

由动量矩定理知

$$T - M = I \cdot \partial \qquad (5-15)$$

角加速度为

$$\partial = \frac{T - M}{I} = 463 \text{ rad/s}^2 \qquad (5-16)$$

加速到 1 m/s 需

$$t' = \frac{w}{\partial} = 0.07 \text{ s} \qquad (5-17)$$

所以 2 m 拉线收线时间为

$$t = \sqrt{\frac{2 \cdot L}{\partial \cdot R}} = 0.54 \text{ s} < 2 \text{ s} \qquad (5-18)$$

5）寿命分析

根据查得的资料，要由试验数据来预测钢丝绳寿命。

钢丝绳的疲劳破坏是指载荷作用很多次所引起的断裂破坏。按照载荷用材料力学方法算出的名义应力值虽低于钢料的屈服点，但多次重复作用后会引起钢丝绳的破坏；破坏时所对应的载荷作用循环次数

就是它的疲劳寿命。

众所周知，在实际工作中钢丝绳受到张紧、弯曲、扭转和挤压等外力作用，绳中钢丝的受力非常复杂，要想通过钢丝绳的外加张力来精确计算绳中各钢丝的受力几乎是不可能的，依此估算钢丝绳的疲劳寿命是不可行的。于是，一种模拟钢丝绳实际使用状况的试验方法——钢丝绳疲劳试验应运而生。经过对影响钢丝绳疲劳试验结论的重要因素进行分析，找出这些主要因素对应的钢丝绳使用现场的工况参数。

参考《钢丝绳弯曲疲劳试验方法（GB/T 12347—1996）》中推荐的方法，以能最大限度模拟钢丝绳的实际现场应用情况为原则来选择疲劳试验机。

固定载荷模式下钢丝绳疲劳寿命的预测模型：

$$N = \sum \frac{\eta_i N_{oi}}{K_i} \qquad (5-19)$$

式中　　N_{oi}——第 i 种载荷模式下钢丝绳的试验疲劳寿命（以载荷循环作用次数）；

η_i——第 i 种载荷模式在试验验时难以模拟的因素，如钢丝绳的材质、结构，工作环境的微小变异，锈蚀、粉尘浓度等对在役钢丝绳疲劳寿命影响的综合折减系数，$\eta_i < 1$；

K_i——第 i 种载荷模式下钢丝绳疲劳综合安全系数，$K_i > 1$。

传感器的设计精密合理，采用高精密传感元件，传感器具有体积小、使用方便、密封性好、测量精度高、温度误差小、寿命长等优点。

该传感器不仅适宜于做直线运动的机械物体位移测量，更适宜于机械物体做曲线运动的位移测量。

拉线传感器的测量精度最高可达 0.001 mm，折算到泵车臂架末端的位置精度大约为 0.1 m，可以显著提高臂架的测量精度，满足臂架精确测量的要求。

2. 液压比例阀系统的技术方案设计

在阀控液压系统中，比例阀是流量控制的核心元件，目前的比例流量控制阀基本都是液控的，即通过液压先导压力控制主阀的开度，并通过辅助阀组消除负载变化等因素对流量的干扰，实现流量对负载扰动的自适应。

由于液压阀的机械机构和对液体流动的阻力作用，液控比例阀存在加工难度大、动态响应慢、参数不能随控制要求变化等缺陷。本书开发了一种通过电力控制的比例流量控制阀，不但实现了目前液控比例阀的所有功能，还具有加工难度低、动态响应快、参数可随控制要求变化等优点。

液压系统的调速方式包括泵控调速和阀控调速两种，所谓泵控调速是指通过控制液压泵的排量来调节液压系统的流量，进而调节执行机构的速度；所谓阀控调速是指通过控制液压阀的开度来调节液压系统的流量，进而调节执行机构的速度。在阀控液压系统中，比例阀是流量控制的核心元件，目前的比例流量控制阀基本都是液控的，即通过液压先导压力控制主阀的开度，并通过辅助阀组消除负载变化等因素对流量的干扰，实现流量对负载扰动的自适应。

由于液压阀的机械机构和对液体流动的阻力作用，液控比例阀存在加工难度大、动态响应慢、参数不能随控制要求变化等缺陷。本书研究了一种通过电控的比例流量控制阀，不但实现了目前液控比例阀的所有功能，还具有加工难度低、动态响应快、参数可随控制要求变化等优点。

1）电控比例流量控制阀的总体方案

电控比例流量控制阀包含两个可独立控制的节流阀、压力传感器和控制器，系统的总体方案如图 5－9 所示。

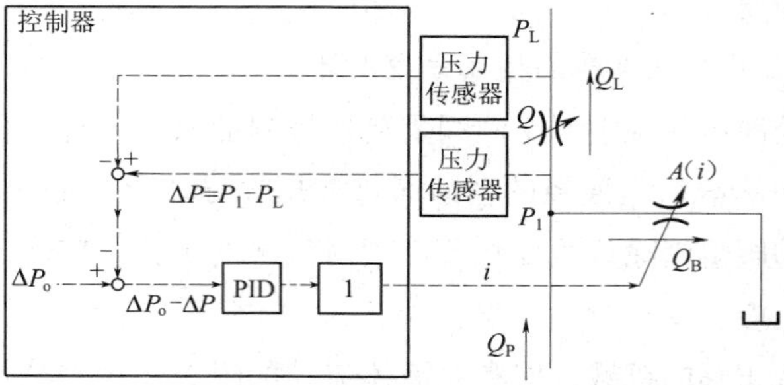

图 5 – 9 电控比例流量控制阀的总体方案图

设定比例阀的额定参数为流量 Q_o，压差为 ΔP_o，电流为 I_o，则

$$Q_o = KI_o \sqrt{\Delta P_o} \qquad (5 - 20)$$

当压差为 ΔP 时，为使流量达到 Q 的电流 I 满足：

$$Q = KI \sqrt{\Delta P} = \frac{Q_o}{I_o \sqrt{\Delta P_o}} I \sqrt{\Delta P} = \frac{I}{I_o} \sqrt{\frac{\Delta P}{\Delta P_o}} Q_o$$

$$\frac{Q}{Q_o} = \frac{I}{I_o} \sqrt{\frac{\Delta P}{\Delta P_o}} \qquad (5 - 21)$$

因此

$$I = \frac{Q}{Q_o} \sqrt{\frac{\Delta P_o}{\Delta P}} I_o \qquad (5 - 22)$$

当液压电动机和液压缸的速度通过阀来控制时，泵的流量 Q_P 大于通过阀设定的流量 Q_L（$Q_P > Q_L$），经过阀的负载流量 Q_L 以外的剩余流量 $Q_B = Q_P - Q_L$ 通过流量阀流出。

为了使动力损失降到最小限度，通过控制泵流量来减小溢流量 Q_B。

2）电控比例流量控制阀的压差恒定控制方法

下面讨论图 5 – 10 中的负载流量 Q_L 不随负荷压力 P_L 变化而变化的控制方法，即当负载压力 P_L 发生变化时压差 $\Delta P = P_1 - P_L$ 保持恒定的方法。

（1）主阀流量恒定控制。

若图 5 - 10 中负载压力 P_L 上升，则压差 $P_1 - P_L$ 变小，负载流量 Q_L 降低。

此时，降低电流 i 使流通面积 $A(i)$ 减少，压力 P_1 上升。压力 P_1 上升，就可控制负载的流量 Q_L 与负载压力 P_L 上升前保持相同。

同样的，当负载压力 P_L 降低时，

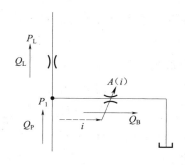

图 5 - 10　主阀流量恒定控制回路

增加电流 i 使流通面积 $A(i)$ 增大，压力 P_1 降低，负载的流量 Q_L 也能与负载压力 P_L 减小前保持相同。控制方案如图 5 - 11 所示。

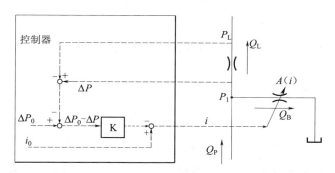

图 5 - 11　主阀流量恒定控制方案

控制方法为反馈控制，检测出实际压力 P_L、P_1，计算出压差 $\Delta P = P_1 - P_L$ 并且与目标值 ΔP_o 进行比较，二者之间的差值 $\Delta P_o - \Delta P$ 所对应的电流 Δi 加上电流 i_o 控制旁通流量即可。

负载压力 P_L 上升，$\Delta P_o - \Delta P$ 增加，旁通阀节流，流量 Q_B 降低，压力 P_1 增大。相反，负载 P_L 压力降低，旁通阀开大流量 Q_B 增加，压力 P_1 降低，这样就可以使压差 $\Delta P = P_1 - P_L$ 与目标值趋于一致。

增益 K（PID）的设定，增益由负载压力 P_L 变化幅度、变化的速

度以及旁通阀的压力流量特性、动作点 Q_B、P_1 决定。旁通阀的压力流量特性为非线性的，需要用仿真来确定增益 K，后面将进行具体仿真。

（2）主阀压差恒定的控制。

下面研究图 5-12 所示的主阀压力差 $\Delta P = P_1 - P_L$ 不随着负载压力 P_L 与主阀面积 a 的变化而变化的控制方法。

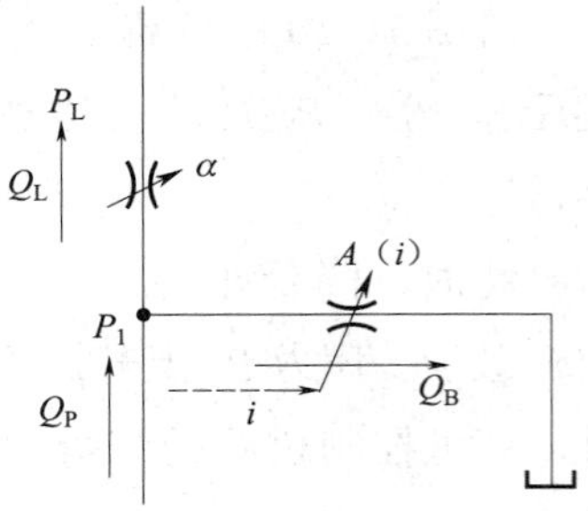

图 5-12 主阀压差恒定的控制回路

控制对象：

$$Q_P = Q_B + Q_L \qquad (5-23)$$

$$Q_B = K_B i \sqrt{P_1} \qquad (5-24)$$

$$Q_L = K_L a \sqrt{P_1 - P_L} \qquad (5-25)$$

$$\Delta P = P_1 - P_L \qquad (5-26)$$

工作点流量为

$$Q_{Bo} = K_B i_o \sqrt{P_{1o}} \qquad (5-27)$$

$$Q_{Lo} = K_L a_o \sqrt{P_{1o} - P_{Lo}} \qquad (5-28)$$

当主阀的面积 a 发生 da 的变化、负载压力 P_L 发生 dP_L 的变化时，计算主阀的压力差 ΔP 的变化量 $d\Delta P$。

$$d\Delta P = \frac{-1}{1 + \dfrac{Q_{Lo}/Q_{Bo}}{1 - P_{Lo}/P_{1o}}} dP_L + \frac{-2P_{1o}(a/A)}{\dfrac{Q_{Bo}}{Q_{Lo}} + \dfrac{1}{1 - P_{Lo}/P_{1o}}} d(a/A) \qquad (5-29)$$

$$= \frac{\partial \Delta P}{\partial P_L} dP_L + \frac{\partial \Delta P}{\partial (a/A)} d(a/A)$$

因控制对象是非线性的，若工作点不同，即使主阀的面积变化 da 与负载压力变化 dP_L 相同，主阀的压力差的变化 $d\Delta P$ 也不同，A 为主阀的最大面积。

表 5-2 所示为工作点 Q_{Bo}、Q_{Lo}、P_{1o}、P_{Lo}、a_o 与变化率 $\partial \Delta P/\partial P_L$、

$\partial \Delta P / \partial(a/A)$ 的关系。

表 5 - 2　工作点与变化率的关系

工作点	CASE1	CASE2	CASE3	CASE4
$Q_{Lo}/$ （$L \cdot min^{-1}$）	40	26.3	40	10
$Q_{Bo}/$ （$L \cdot min^{-1}$）	10	23.7	10	40
P_{Lo}/MPa	0	0	17.83	17.83
P_{1o}/MPa	2.548	2.548	20.38	20.38
A_o/A	1	0.6575	1	0.25
$\partial \Delta P / \partial P_L$	-0.2	-0.4739	-0.03033	-0.3336
$\partial \Delta P / \partial(a/A)$	-40.77	-40.77	-49.44	-135.9

负载的压力变化 dP_L 的影响最大的是实例 2，最小的是实例 3。

主阀的面积变化 da 影响最大的是实例 4，最小的是实例 1。

控制对象的增益随工作点变化而发生很大变化，因此某特定的实例中即使设定了最适合的 PID 值，其值对于其他的例子可能不稳定，或是响应缓慢，即此 PID 值是对于其他实例不一定适合。

分析表 5 - 2 中的 CASE1、CASE2、CASE3、CASE4 四种实例 PID 控制器的设定，研究如何使所有的情况达到良好的控制性能。

控制系统工作，通过反馈控制，检测出压力 P_L、P_1，计算压力差与目标值 ΔP_o 进行对比，把与目标值的差值 $\Delta P_o - \Delta P$ 对应的负电流 $-\Delta i$ 输入旁通阀，通过控制旁通阀的流量来调整压差 ΔP。

若负载压力 P_L 增加，导致 $\Delta P_o - \Delta P$ 增加，则旁通阀关小，P_1 压力增加。相对的，负载压力 P_L 降低，旁通阀打开，压力 P_1 降低，压力差 $\Delta P = P_1 - P_L$ 就会逐渐与目标值 ΔP_o 接近。

因主阀与旁通阀的压力流量特性是非线性的，所以应用仿真对 PID 控制器进行研究。

3）电控比例流量控制阀的仿真试验

控制器对节流阀的流量进行 PID 控制，下面通过仿真试验的方法测试不同的 PID 参数对流量的控制效果。进行 CASE2、CASE1 两种情况的仿真，通过各种实例对 PID 参数进行整定，研究适合于全部情况的 PID 参数值。

（1）CASE2 的仿真。

①给定负载压力等参数，如下：

负载压力：$P_L = 0MPa$；

主阀通流面积：$a/A = 0.7$（最大开度 7.5mm 的 70% 行程）；

主阀流量：$Q_L = 28.0 \ L/min$；

主阀压力差：$\Delta P = P_1 - P_L = 2.5MPa$。

②PID 的控制参数

a. 影响稳定性的主要控制参数为：

稳定极限：$P = 1.019MPa$；

振动频率：20Hz；

PID 的控制参数 $K_P = 0.010 \ 9I_o$（mA/MPa）；

I_o：旁通阀的额定电流（mA）。

b. 影响精度与响应性能的主要参数为：

控制电流增益的设定值 I/s；

PID 的控制参数 $K_I = 72.74I_o$（mA/MPa）。

根据主阀流量恒定控制方案及设定的控制参数，确定了 PID 传递函数，如图 5-13 所示，仿真结果参照图 5-14。

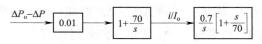

图 5-13 PID 传递函数

增大 PID 中的 I 值，响应性增加了，但是受到旁通阀的响应性能的限制，旁通阀流量的增加很缓慢，最开始压力 P_1 会上升到 5.5 MPa，主阀流量 Q_L 会增加到 43 L/min。压力差 ΔP 在 0.1 s 后稳定在 2.5 MPa。

（2）CASE1 的仿真。

负载压力

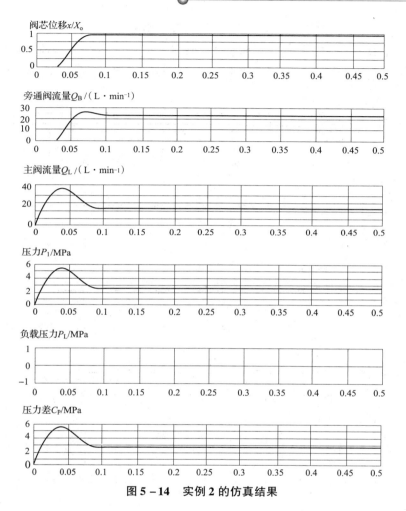

图 5－14　实例 2 的仿真结果

$$P_{\mathrm{L}} = 0 \ \mathrm{MPa}$$

主阀通流面积

$$a/A = 1 \ （最大开度 7.5 \ \mathrm{mm} \ 行程）$$

主阀流量

$$Q_{\mathrm{L}} = 40 \ \mathrm{L/min}$$

主阀压力差

$$\Delta P = P_1 - P_{\rm L} = 2.5 \text{ MPa}$$

PID 与 CASE2 相同，仿真结果参照图 5 – 15。CASE1 响应速度较低，各参数在 0.15 ~ 0.2 s 后处于稳定，压力差 ΔP 在 0.2 s 后稳定到 2.5 MPa。

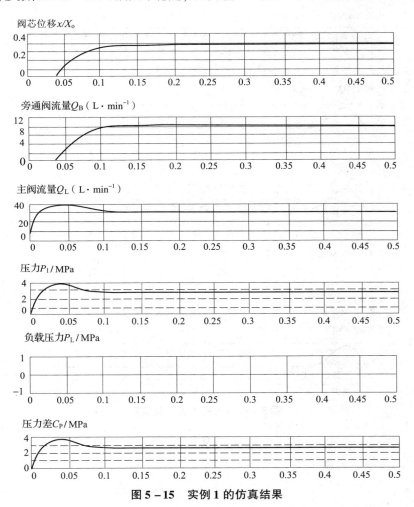

图 5 – 15　实例 1 的仿真结果

在阀控液压系统中，比例阀是流量控制的核心元件，目前的比例流量控制阀基本都是液控的，由于液压阀的机械机构和对液体流动的阻力作用，液控比例阀存在加工难度大、动态响应慢、参数不能随控制要求变化等缺陷。本书研究了一种通过电气控制的比例流量控制阀，突破了滑阀的结构，采用两个可以独立控制的电比例节流阀，并采用压力传感器采集节流阀进出口的压力，通过控制器对电比例节流阀进行压力—流量的联合控制。根据新型电比例流量阀的体系结构，推导了变负载下压差恒定的流量控制算法，并通过仿真测试对 PID 控制参数进行整定，优化了系统方案和控制算法，并且在起重机臂架上进行了实机测试，提高了方案的实用价值。

3. 泵车臂架电气控制系统技术方案设计

典型的泵车臂架为六节臂，其电气控制系统技术方案设计如下：

电气控制系统的网络拓扑图如图 5-16 所示。

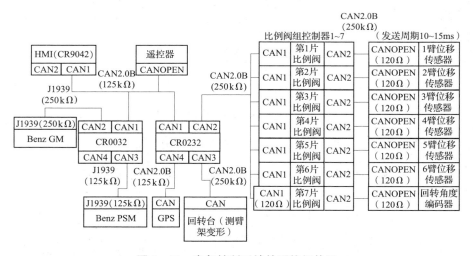

图 5-16　电气控制系统的网络拓扑图

说明：

（1）将主控制 CR0232 的 CAN2 接口与 1~7 片比例阀组（控制回转、1~6 臂油缸，其中最末端阀需要安装 120 Ω 终端电阻）的 CAN1 接口连接，波特率 250 kB，用于位移、位移速度控制命令、阀进口压力数据下发，以及位移反馈、位移速度反馈和心跳、故障上传。

控制器下发协议见表 5 - 3。

表 5 - 3　控制器下发协议

IFMCR0232 CAN2 发送控制命令协议（CAN2.0B，250 kB），发送周期：200 ms 循环（待定）							
ID	BYTE1	BYTE2	BYTE3	BYTE4	BYTE5	BYTE6	BYTE7	BYTE8
回转阀：10H 1 臂阀：11H 2 臂阀：12H 3 臂阀：13H 4 臂阀：14H 5 臂阀：15H 6 臂阀：16H	低位	高位	低位	高位	（保留）	（保留）	0/1 切换	0—中位； 1—油缸伸； 2—油缸缩
阀片 ID 定义	位移（精度 0.1 mm，范围 0 ~ 6 553.5 mm）		速度（精度 0.1 mm/s，范围 0 ~ 6 553.5 mm）				心跳	方向

控制器转发阀组进口压力信号协议见表 5 - 4。

表 5 - 4　控制阀转发阀进压力信号协议

IFMCR0232 CAN3 发送阀组进口压力信号（CAN2.0B，125 kB），发送周期：20 ms 循环（待定）							
ID	BYTE1	BYTE2	BYTE3	BYTE4	BYTE5	BYTE6	BYTE7	BYTE8
30H	低位	高位	（保留）	（保留）	（保留）	（保留）	（保留）	（保留）
ID 定义	阀组进口压力（精度 1bar、范围 0 ~ 655 35 bar）							

比例阀组上传协议见表 5 - 5。

表 5 – 5　比例阀组上传协议

比例阀组上传协议（J1939，250 kB），发送周期：XXms 循环（待定）							
ID	BYTE1	BYTE2	BYTE3	BYTE4	BYTE5	BYTE6	BYTE7	BYTE8
回转阀：20H 1 臂阀：21H 2 臂阀：22H 3 臂阀：23H 4 臂阀：24H 5 臂阀：25H 6 臂阀：26H	低位	高位	低位	高位	待定	待定	0/1 切换	0—中位； 1—油缸伸； 2—油缸缩
阀片 ID 定义	位移（精度 0.1 mm，范围 0～6 553.5 mm）		速度（精度 0.1 mm/s，范围 0～6 553.5 mm）		故障码	心跳	方向	

（2）将控制 CR0232 的 CAN3 接口、1～7 片比例阀组的另一路 CAN 接口、1～6 臂的位移传感器 CAN 连接，由于位移传感器为 CANOPEN 信号，因此该网络基于 CAN2.0B，用于采集 1～6 臂的位移传感器信号，由于传感器发送周期为 10ms 左右，为避免干扰，该总线只有位移传感器发出信号，无其他任何信号。发送阀组进口压力信号协议见表 5 – 6。

表 5 – 6　发送阀组进口压力信号协议

IFMCR0232 CAN3 发送阀组进口压力信号（CAN2.0B，125 kB），发送周期：20 ms 循环（待定）							
ID （16 进制）	BYTE1	BYTE2	BYTE3	BYTE4	BYTE5	BYTE6	BYTE7	BYTE8
181H	低位	高位	（保留）	（保留）	（保留）	（保留）	（保留）	（保留）
ID 定义	阀组进口压力 （精度 1 bar、范 围 0～65 535 bar）							

臂架电气控制系统的功能配置如下：

（1）比例阀组。

电源：1~7片CAN总线阀，每片功率约为100 W，电流需保证5 A,总电流为35 A，需用蓄电池引线，并增加接触器控制，再分线至各阀组（1 mm²线径对应1片阀）。

控制CAN总线：CAN_H、CAN_L两线即可。

插接件：1~7片阀各带1个控制器，每个控制器出来散线，待实物现场确定插接件及接线。

支腿阀：普通电动机，电流1.57 A，单独开关控制。

（2）1~6臂的位移传感器和回转总线编码器。

要求1~6臂的位移传感器和回转总线编码器（诺玛提供）独立接入1~7片诺玛阀控制器，臂架上需布置6根线，回转布置1根线。

1~6臂的位移传感器和回转总线编码器需要独立配置120 Ω终端电阻。

线束出图、制作，线束分支长度测量。

（3）阀组出口压力测量（IFM压力传感器4~20 mA，0~400 bar，2线）。

信号由CR0232读取（利用空余的AI点：IN15_ E），通过CAN2转发给诺玛阀组，周期在20ms以内。

安装位置：由电控柜至左侧阀组位置（长度应该在5米以内），通过5芯IFM母插，插接至传感器自带5芯公插。

传感器、插头：IFM压力传感器、5芯IFM插头。

通过上述电气控制系统，操作人员可以通过操作遥控器手柄，控制臂架液压系统的比例阀，进而控制臂架油缸动作，驱动臂架完成预定的动作。

4. 泵车臂架控制系统仿真实验

基于多学科仿真软件AMESim，对车臂架液压系统的仿真模型如下：

本书在 AMESim 平台上对某型混凝土泵车臂架多路阀进行建模和仿真。该阀是工程机械常用的液压比例多路换向阀，共有 13 个端口，集成了负载端口溢流阀和流量控制阀等，其液压原理如图 5 - 17 所示。

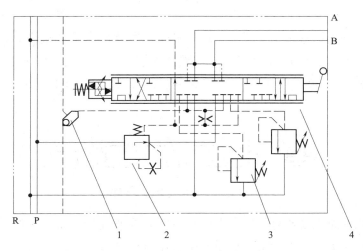

图 5 - 17　臂架多路阀液压原理

1—梭阀；2—流量控制阀；3—端口溢流阀；4—主控制阀

该多路阀主要技术参数如下：

（1）A 口额定压力：300 bar；

（2）A 口额定流量：63 L/min；

（3）B 口额定压力：330 bar；

（4）B 口额定流量：40 L/min。

其中，A、B 口压力由端口溢流阀 3 调定，流量由流量控制阀 2 和主控制阀 4 共同调定，梭阀 1 用于向负载反馈负载压力。

1）模型构建和主要技术参数设置

在图 5 - 17 所示多路阀中，梭阀、流量阀、溢流阀均可采用

AMESim 液压元件库中提供的模型，但主控制阀是一个三位十三通阀，液压元件库中没有对应的模型。

用液压元件设计库（HCD）可以构建此多路阀的模型，但需要该阀的结构参数。对于液压元件使用者，难以获得液压元件的结构参数等固有特性，往往只有液压元件的性能特性，如压力、流量等。

本书采用 AMESim 液压元件库中的模型组合构建该三位十三通多路阀。该阀共有 13 个油口，各口编号如图 5 – 18 所示。将上述 13 个油口分为 5 组：1、6、7 口；2、8 口；3、4、9、10 口；5、11 口；12、13 口。

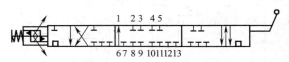

图 5 – 18　主控制阀液压原理

当多路阀动作时，每个组的油口之间或通或断，而与其他组的油口之间无关，所以，可以采用 5 个液压元件组合，通过控制其动作的逻辑关系，等效建立三位十三通多路阀的仿真模型。臂架多路阀液压仿真模型如图 5 – 19 所示。

各元件模型的主要参数设置如下：

（1）主阀。

① P、A 间流量：100 L/min@ 30 bar；

② P、B 间流量：70 L/min@ 40 bar；

③ T、A 间流量：100 L/min@ 30 bar；

④ T、A 间流量：100 L/min@ 30 bar。

（2）开关阀开口面积：12 mm^2。

（3）溢流阀设定压力：330 bar。

（4）流量阀。

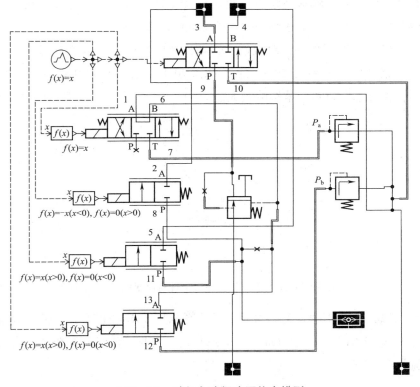

图 5 - 19　臂架多路阀液压仿真模型

① 弹簧预紧力：20 bar；

② 额定流量：100 L/min@3 bar；

③ 阀芯全打开压差：14 bar。

（5）梭阀通径：10 mm²。

（6）节流孔开口面积：10 mm²。

2）仿真试验分析

流量特性是上述多路阀的主要特性，下面对其流量特性进行试验研究。

在上述组合仿真模型中，多路阀流量的影响因素包括主阀的开口特性和流量阀的弹簧预紧力、额定流量和阀芯全打开压差等参数。下面分析主阀流量对上述影响因素的变化的敏感程度。

（1）主阀开口特性对流量的影响如图 5 – 20 所示（在压差 40 bar 下的流量分别为 $Q_1 = 50$ L/min，$Q_2 = 70$ L/min，$Q_3 = 90$ L/min）。可见，主阀芯开口对流量影响较大。

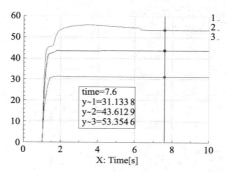

图 5 – 20　主控制阀开口特性对流量的影响

（2）流量阀弹簧预紧力对流量的影响如图 5 – 21 所示（弹簧预紧力 $F_1 = 10$ bar，$F_2 = 20$ bar，$F_3 = 30$ bar）。可见，流量阀弹簧预紧力对流量影响较大。

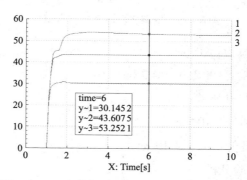

图 5 – 21　流量控制阀弹簧预紧力对流量的影响

（3）流量阀阀芯全打开压力对流量的影响如图 5 – 22 所示（压差分别为 $P_1 = 7$ bar，$P_2 = 14$ bar，$P_3 = 21$ bar）。可见，流量阀阀芯全打

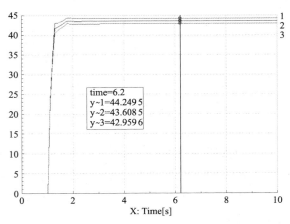

图 5 – 22　流量控制阀芯全打开压力对流量的影响

开压差对流量的影响不明显。

（4）流量阀开口特性对流量的影响如图 5 – 23 所示（在压差 3 bar 下的流量分别为 $Q_1 = 50$ L/min，$Q_2 = 100$ L/min，$Q_3 = 150$ L/min）。

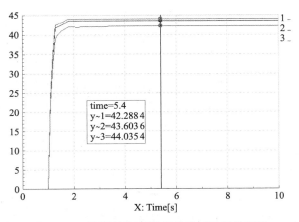

图 5 – 23　流量控制阀开口特性对流量的影响

综合以上分析可见，多路阀流量的主要影响因素是主阀开口和流量阀弹簧预紧力。预期流量在主阀开口上产生的压差作用在流量阀两端，其压差克服流量阀弹簧预紧力使流量阀打开到合适的开度，从而对流量进行控制。

通过以上论述和试验分析，可以得出混凝土泵车臂架多路阀建模与仿真的两点结论：

（1）对于较为复杂的工程机械多路换向阀，可以采用 AMESim 液压元件库中现有模型组合构建多路阀的仿真模型，从而避开基于元件物理结构的液压元件设计库。

（2）对于本书所述的多路阀，其流量由流量阀弹簧预紧力和主阀芯开口共同决定。其控制方式是：以流量阀弹簧预紧力为基础，初步确定多路阀的流量范围，主阀芯 PA、PB 开口对 A、B 口的流量进行微调，得到不同的流量特性。

3）AMESIM 与 MATLAB 联合仿真

通过在 AMESIM 内搭建典型的阀控缸液压模型，并将油缸位移及速度发送至 MATLAB，由 MATLAB 完成控制算法实现，并传回驱动量给 AMESIM 中液压模型进行驱动。

AMESIM 中液压模型如图 5-24 所示。

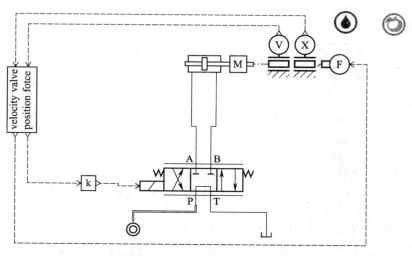

图 5-24　AMESIM 中液压模型

MATLAB 中控制模型如图 5－25 所示。

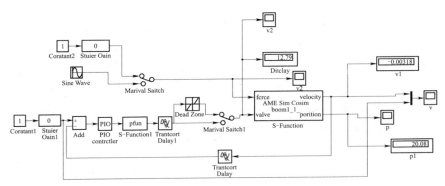

图 5－25　MATLAB 中控制模型

（1）仿真结论。

当油缸的两个液压油腔面积不一样时（如有杆腔和无杆腔的差别），使用的 PD 参数应该做相应的变化。

通过设置一个较大（合适）的 P 和 D 参数，可以使速度跟踪特性良好，而且鲁棒性好，对负载变化不敏感。

多路阀存在的死区对于较大 PD 参数调节效果影响不大，不是导致系统控制恶化的关键点。

当采用上述 PD 调节时，传感测量的延时将导致系统速度跟踪震荡，比例多路阀变为高速开关阀，以高频率不断调节，不满足控制要求。

PD 较小时，速度跟踪缓慢，死区的存在会使得系统产生震荡。

（2）方法改进。

通过不断的仿真研究，改进的控制模型如图 5－26 所示。

（3）控制思路。

对多路阀的开度与油缸速度关系之间找到一个粗略的线性映射关系；

多路阀控制输出量是两个部分的综合：

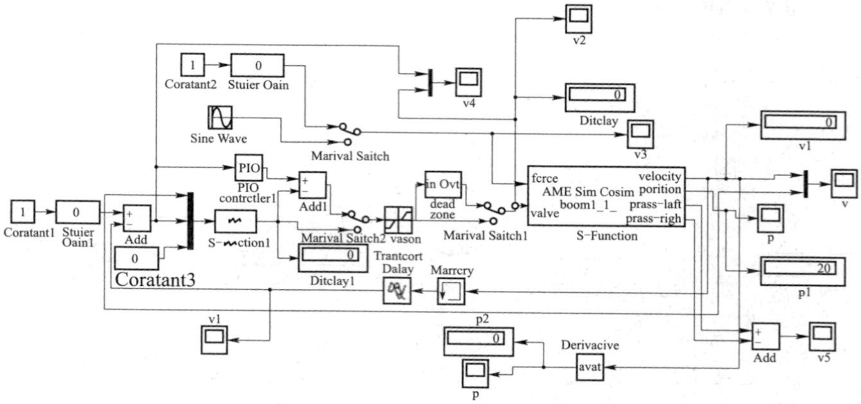

图 5 − 26   MATLAB 中控制模型

drive = drive_line + drive_pid;

其中，drive_line 是根据给定速度，由线性映射关系求得的多路阀开度；drive_pid 是根据给定速度与反馈速度的偏差量，由 PID 调节求得的多路阀开度。

这里的 PID 参数不易取得过大，积分量相对比例和微分稍微偏大即可，仿真中 Kp = 10，Ki = 20，Kd = 10。通过上述方法可以使系统在存在多路阀死区、系统延时及负载变化的情况下趋于收敛。在速度跟踪时，跟踪性能满足控制需求。

4）泵车臂架高精度控制系统试验分析

（1）试验情况。

本试验采用 46 m 泵车，对其臂架液压和电气控制系统进行改装，采用高精度的比例多路阀和油缸位置传感器，测试各节臂架油缸的控制精度和臂架的运动轨迹精度。

测试结果为：

油缸位置的控制精度达到 0.3 mm，油缸响应时间达到 100 ~ 180 ms。油缸点到点位置控制的精度漂移为 0.1 ~ 0.2 mm。

油缸最大动作速度可达 75 mm。

（2）不同工况下的试验曲线图。

① 直线行走波形一，如图 5-27～图 5-31 所示。

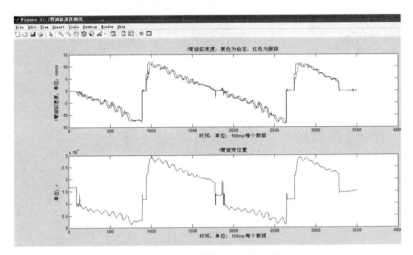

图 5-27　1 臂油缸速度曲线

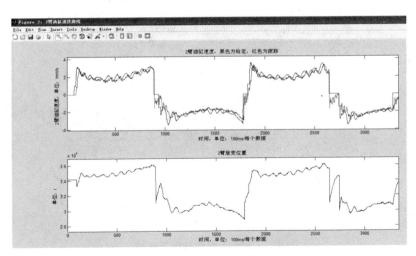

图 5-28　2 臂油缸速度曲线

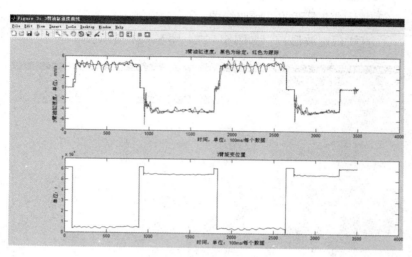

图 5 – 29 3 臂油缸速度曲线

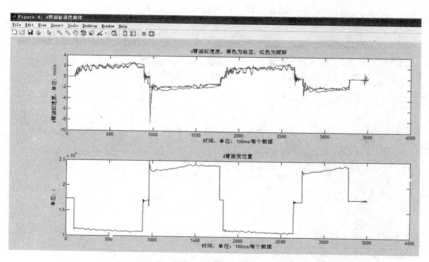

图 5 – 30 4 臂油缸速度曲线

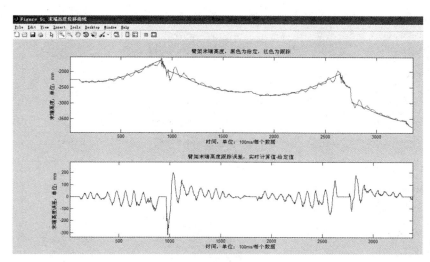

图 5 − 31　末端高度位移曲线

② 直线行走波形二，如图 5 − 32 ~ 图 5 − 36 所示。

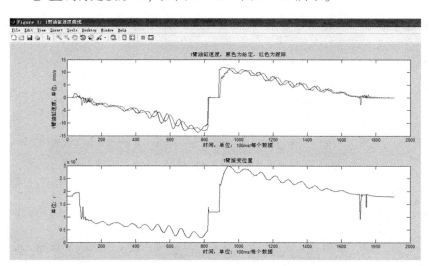

图 5 − 32　1 臂油缸速度曲线

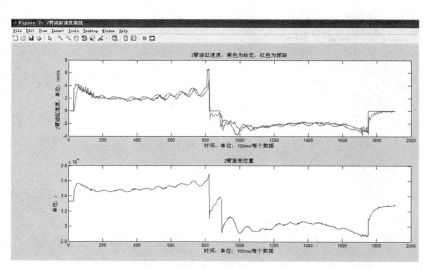

图 5 – 33　2 臂油缸速度曲线

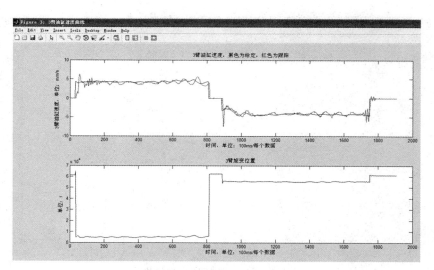

图 5 – 34　3 臂油缸速度曲线

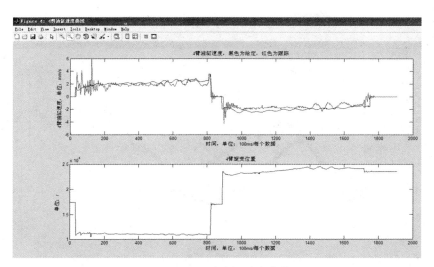

图 5－35　4 臂油缸速度曲线

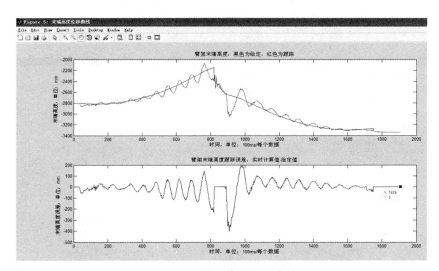

图 5－36　末端高度位移曲线

③ 4 臂节流口变化，给定为固定阀口时的速度波形图，如图 5－37 ~ 图 5－39 所示。

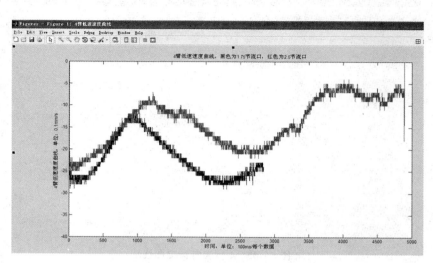

图 5 - 37　4 臂低速速度曲线

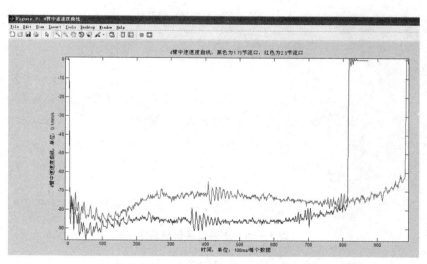

图 5 - 38　4 臂中速速度曲线

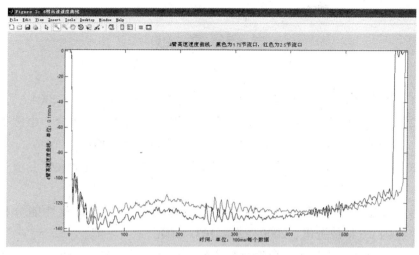

图 5 - 39 4 臂高速速度曲线

（3）试验结论。

通过泵车臂架实车试验测试，泵车臂架高精度控制系统相对原有系统的精度有显著提高，具有明显的性能优势和可靠性优势，各项精度性能指标达到了预期的要求。

参 考 文 献

[1] 冯忠绪. 工程机械理论 ［M］. 北京：人民交通出版社，2004.

[2] 中国机械工业年鉴编辑委员会，中国工程机械工业协会. 中国工程机械工业年鉴 2015 ［M］. 北京：机械工业出版社，2015.

[3] 田少民. 液压挖掘机的三种流量控制方式 ［J］. 百度文库专业资料，2012.

[4] 韩慧仙，曹显利. 挖掘机液压系统功率控制方式及性能分析 ［J］. 科技资讯，2009 (2)：103 - 104.

[5] 韩慧仙，曹显利. 挖掘机正流量液压系统控制特性分析 ［J］. 机床与液压，2012 (8)：100 - 102.

[6] 郭雄华，曹显利. 挖掘机负流量液压系统控制特性分析 ［J］. 液压与气动，2011 (5)：55 - 57.

[7] 黎启柏. 电液比例控制与数字控制系统 ［M］. 北京：机械工业出版社，1997.

[8] 姚保森. 液压系统及插装阀知识讲座 ［J］. 百度文库专业资料，2013.

[9] 韩慧仙，刘伟，刘茂福. 起重机臂架的电液控制系统设计 ［J］. 机械科学与技术，2013 (4)：577 - 583.

[10] 刘茂福，曹显利. 工程机械电子节能控制技术研究 ［J］. 机床与液压，2011 (7)：100 - 102.

[11] 韩慧仙，曹显利. 一种液压挖掘机功率自适应控制系统专利号 ［P］. 中国知识产权专利局，2016 (12).

[12] 陈彬，易梦林. 数字技术在液压系统中的应用 ［J］. 液压气动与密封，2005 (4)：1 - 3.

[13] Han huixian. Design and Calculation of a Kind of Cable Displacement

Sensor ［J］. Advanced Materials Research，2013（5）：1779 – 1782.

［14］ 韩慧仙. 新型电控比例流量控制阀的设计和仿真 ［J］. 机床与液压，2014（10）（5），73 – 76.

［15］ 韩慧仙，曹显利. 基于 AMESim 的混凝土泵车臂架多路阀建模与仿真 ［J］. 机床与液压，2009（10）：241 – 243.

［16］ 韩慧仙. 起重机自动怠速控制系统 ［J］. 起重运输机械，2008（10），60 – 62.